改变人生的100个梦境

[英] 伊恩·华勒斯 著 陈重亨 译

北方文艺出版社

黑版贸审字 08-2018-162号

图书在版编目（CIP）数据

改变人生的100个梦境 / (英) 伊恩·华勒斯 (Ian Wallace) 著 ; 陈重亨译. -- 哈尔滨 : 北方文艺出版社, 2019.5
书名原文: THE TOP 100 DREAMS
ISBN 978-7-5317-4357-6

Ⅰ. ①改… Ⅱ. ①伊… ②陈… Ⅲ. ①梦—解释 Ⅳ. ①B845.1

中国版本图书馆CIP数据核字(2019)第049851号

改变人生的100个梦境
Gaibian Rensheng de Yibai ge Mengjing

作　　者　[英] 伊恩 · 华勒斯
译　　者　陈重亨
责任编辑　王　丹　赵　芳
封面设计　烟　雨
出版发行　北方文艺出版社
地　　址　哈尔滨市南岗区林兴街3号
发行电话　0451-85951921　85951915
网　　址　http://www.bfwy.com
邮　　编　150080
电子信箱　bfwy@bfwy.com
经　　销　新华书店
印　　刷　固安县京平诚乾印刷有限公司
开　　本　880 × 1230　1/32
印　　张　8
字　　数　200千
版　　次　2019年5月第1版
印　　次　2019年5月第1次
定　　价　48.00元
书　　号　ISBN 978-7-5317-4357-6

CONTENT

目录

关于做梦

献给持续关爱我
带给我灵感和启发的
妈妈和爸爸

写给所有做梦的人

从我很小的时候，做梦这件事就非常、非常吸引我。我所记得的最早记忆，其中一个跟一场梦有关。有一次我梦见一辆蒸汽火车在苏格兰乡间呼啸奔驰而过，这场梦让我惊醒，也吵醒了我爸爸。他还过来安慰我，好让我再次酣睡。隔天，他牵着我的手，带我站在一座桥上，底下刚好可以望见铁路经过。当火车轰隆隆地从桥下通过时，我很惊奇地发现昨夜的梦境已经变为真实。我爸爸不是心理学家，他只是个矿工，但是他对于一些不可见的东西拥有一种突如其来的领悟，对现实世界中那些丰富的可能性也知道如何更深入探索和挖掘。

由于父母的鼓励和指导，我开始探索自己的梦，研究那些故事到底有什么意义。我越是深入研究自己的梦，就对别人的梦也越感到好奇，这不仅仅是分析解构他们的梦境，而是被这些做梦的人所深深吸引。我早年的这些研究和探索，有幸跟成千上万位做梦的人一起合作，衷心感谢他们跟我分享那些梦。

我特别要感谢一些帮助我完成某些梦想的做梦者。

谢谢罗娜、科林、马修、丹尼尔和托马斯。当我梦见这本书的时候，他们给我所有的爱和支持；当我努力将这本书转化为真实的时候，他们又提供我许多帮助。

谢谢尼尔·史列索，他以勇气和毅力来实现自己的梦想，不管他身在何处都是我真正的朋友，永远乐于帮助我。

谢谢艾琳·吉柏，她不断地鼓励我，给我启发。她的美妙工作也让很多人得到启示，找到自己的未来。

谢谢凯斯·麦西分享他富于远见的领导过程，让我们学会如何利用梦境作为实现梦想的工具和零件。

谢谢诺尔·泰尔这位极具天赋的心理学家和表演者，他教会我：如果想了解神秘事物，我们必须先探索自己故事的神秘性。

谢谢麦克·鲍威尔以他的独特魅力在电视和广播中的加持，让我得以接触到另一群做梦者。

谢谢克里斯·埃文斯的宽大和慷慨，邀请我上他的节目；谢谢海伦·托马斯和苏西·迪特里希安排我上节目，促发一些新梦想的连接。

最后，我要谢谢史蒂夫·莱特这位广受欢迎的热心主持人，为每天数以百万计的听众带来更广泛的认知；也要谢谢英国广播公司的路易丝·哈兰为我联系史蒂夫。

关于梦

一百亿个梦

各位在读这些文字的时候，全世界大概有三分之一的人正在睡觉，在他们醒来之前，大概会做超过一百亿个梦。对于个别的做梦者而言，这些独一无二的怪异梦境似乎是随机出现，但是绝大多数的梦境其实都遵循着一些类似的主题或模式，是我们每个人都曾经梦见过的。这些梦境模式已经存在了几万年，早就成为人类历史上一些流传最久的故事和信仰的衍生基础。

我担任梦的心理学家已经三十年，在这段时间曾经研究分析过十几万个梦境，发现其中大约有一百种常见的梦境模式一再出现。这些做梦的人来自全球各地，但不管他们来自什么国家或文化，他们也都做过这些常见的梦。从俄罗斯的警察到日本料理师傅，从挪威的单车骑士到委内瑞拉的护士，从印度舞者到安哥拉的石油工人，全世界每个地方的每个人都会体验到这些相同的梦境基本模式。这些普遍的梦境主题，不只是做梦过程中的种种怪异表现，它们对于做梦的人更是一种更加深层的揭示。

虽然我们可能以为这些梦的出现纯属随机，不是我们可以控制或左右的，其实正好相反。不是梦境找上我们，而是我们找上梦境。我们做梦的时候，丝毫不费力气就创造了整个世界，从遥远闪烁的星群到情人手上的细微指纹，都能在梦中出现。我们可以在梦中创造出这些自然模式，是因为它们正反映着我们在清醒时体验到的自然本质。在日常生活的繁忙喧嚣下，我们也都想要更深入认识自己生命中的真正目的和意义。

而我们在梦中创造出来的这些共通模式，正呼应着这个深层的探索，不过非常矛盾的是，我们却都轻易地以为这些梦没有什么意义，对于真正认识自我没什么帮助。尽管我们的梦境似乎总是显得非常荒唐，但是从那些梦之语言中不但可以辨识出个人符号，同时也能用来解析我们所创造出来的更深层的梦境模式。一个孤立的符号常常让人看不出意义何在，似乎也没什么重要性，但是如果把它放在更丰富的梦境主题之下加以观察，就能从中解读出更多的信息。退后一步来检视这些基本的梦境模式，就能看见一幅更大的图像，它不仅出现在我们的梦境之中，其实也出现在我们清醒的日常生活里。

本书将要介绍的这一百种梦境以及这些梦境的模式想要传达什么样的信息，各位看了之后大都能马上辨识出自己所做的梦属于哪个模式，日后也能够理解这些梦境的意义和它们想要传达的信息。各位不一定要辨识出那些特定的梦境符号才能与它们有所联结，你可以从特定梦境模式的普遍意义着手，将它们应用到你的个人情境之中。我们也将介绍这些梦境模式的心理背景和文化背景，并提供可行的建议，让各位能够从自己的梦境中得到最大的帮助。

希望和抱负

尽管夜里做的梦似乎跟日常生活毫无关系，你的梦还是会反映出清醒时的生活基本模式。“梦”不但是我们在夜间的心灵冒险，同时也代表着清醒时的希望和抱负。虽然我们清醒时对于梦想有其目的上的追求，跟夜间自然而然做的梦不见得有所关联，但是这两者都受到我们所拥有的深层自我意识所驱动。这种对于自我的了解能力是人类的本能，也就是我们的潜意识。

潜意识常常被认为等同于遗忘，但事实上我们的潜意识一直不停地在吸收所有的信息和经验，只是我们自己不知道而已。作为一个理性的人，你在清醒时所获得的更广泛经验，大多数都会被自觉地过滤掉，因此它们唯有在梦中才会让你再次遇到。尽管你通常不会意识到身体里还有这个潜意识领域存在，但它其实是存在的，并且蕴藏了你过去所有的经验，也涵盖了可能的未来。这对于实现认识自我，激发自我潜能，都是非常珍贵的助力。

你做的那些梦其实是表达潜意识认知的一个故事，反映出你在清醒时所发现的最有意义的事物。这些梦境故事就是你潜意识认知的自然语言，比起你意识所及的自我包含着更深邃的智慧、更宽广的启迪。

不管是在世界的哪个地方，我们都在不知不觉中，一再创造出相同类型的梦境故事，而这些故事都在回答一些问题，一些我们根本不晓得自己已经提出的问题，例如“我要怎样才能真正改变自己的生活？”“为什么我总是爱上不对的人？”“为什么我怀才不遇，没人发现我的才华？”

我们的梦一直在提供诸如此类问题的答案，尽管你可能希望这些梦可以帮你解决问题，但也不要忘记，所有的梦都跟做梦的那个人紧密相关。你会透过梦境来展现自己的心理、真实的自我，揭示你真正的需要，还有你真正的信念。你从梦境中得到的，不是希望能获得什么人来帮助你解决问题，而是你的潜意识早就知道的完整自我，只是你自己没发现而已。探索自己的梦，你就能成为自己的心理学家，利用这些潜意识特有的洞察力和预言性，就能引导你实现自我。

正如晚上做的梦一样，你的日常生活通常似乎只是一连串的随机事件松散地连接起来，你无法知晓自己最大的雄心抱负到底在哪里。你在清醒时的生活压力和生活中的各种需求，让你感觉自己跟梦想割裂开来；那些无法得到满足的需求，还有难以发挥的潜能，都令你感到沮丧。但是，如果你能够了解自己的梦，了解你的潜意识通过梦境想要表达的故事，你就可以把这层理解带进现实生活里，让你的梦活起来，而不再苦于遍寻不着自己的目标。

照亮与探索

我们似乎只有在睡觉时，才会在梦中体验到那些潜意识的故事。每天晚上，你沉浸在那些自己毫不费力就创造出来的梦世界里，直到闹钟响起，让你迷迷糊糊地回到清醒时的现实生活。但是你并不会因为闹钟的声音就马上停止做梦，此时你的潜意识会像道光一样照进你的日常生活空间，尽管你可能不知道自己正在这么做。当你的潜意识照进你的周遭环境时，你的心灵探照灯将会照亮各式各样神秘难解的事物，然而这道光束反射回来的，似乎显得错综复杂且令人困惑。

各位或许以为，那就干脆忽视那些潜意识的扩张效应，舍弃那些或许丰富却含糊不清的信息，只专注于那些我们看得见、感觉得到的事物就好，这么做的话也许事情会变得比较容易。然而就算你想把那些潜意识反射进来的东西锁在外头，它们还是会持续不断渗入我们的意识层面，偶尔的灵光乍现一样会让我们一瞥那个更大的生命格局，就像是一台无法选台的电视机偶然锁定在你最喜爱的电视节目。而这些偶然乍现和意外片段似乎都能传达出某些深刻含义，也能够轻易赢得我们的注意，让我们希望了解其中的意义。因此，最简单、最自然的办法就是先了解你在梦中创造的故事。

要探索这些转瞬即逝的乍现灵光，你也许不会透过梦中的本能认知，而是尝试着运用我们的意识把这些事物合理化。然而这种合理化的方式会让原本可得的广阔的认知缩在狭窄的范围内，就好比躲在家里只透过猫眼窥伺外头，却不愿打开大门走向宽广的大世界。躲在里面似乎比较容易获得逻辑和客观性的安全保障，却也让你无法完全领悟梦的真谛。有些人敢跨出门去，走进自己的潜意识，运用自身的理解能力，对自己和周遭世界进行深刻探索。

1895年的时候，阿尔伯特·爱因斯坦梦见自己在一道星光下，从覆盖着白雪的山坡上坐着雪橇滑下来。他运用这个灵感，把“相对论”带进现实世界。他后来发表感想说：“对我而言，有意识地吸收知识的才能，还不及做梦的天赋来得更有意义。”爱因斯坦利用梦中所见，扩充了意识层面的理解，成为科学界一位真正的梦想家。这些高瞻远瞩的梦想家乐于接纳潜意识浮现的故事，我们在科学和技术上的进步大部分正是他们做梦做出来的结果，这么说可一点儿都不夸张。

美国莱特兄弟常常梦见自己踩着脚踏车飞翔，后来就在“小鹰号”迎面扑向狂风中实现自己梦中所见，完成人类第一次动力飞行。诺贝尔奖得主、物理学家尼尔斯·玻尔的原子模型构想来自一场生动的梦境，他坐在太阳的位置，而群星在他身边飕飕环绕。有机化学家弗里德里希·凯库勒在梦中发现苯的结构，他在宣布自己的突破性发现后，呼吁科学家同僚“向梦学习”。

梦中人物

当你将潜意识的幽光投射进周遭世界时，并不是随机扫视，而是在寻找某些对你非常重要的人。在其中所包括的种种芜杂和含糊里，你正在寻找的是自己的反射，因为你想了解真正的自己。在我们意识层面的随机扫视中，你的真实身份很少会因此而显现，因此你在本能上会被某些可以反映性格的情境吸引。能够反映你的自我意识的最佳镜子，就经由他人反射回来，并且经由潜意识吸收，这些不知不觉中吸收到的信息往往能让你得到更多启发，让你认清自己的个性。

认为自己拥有单一身份似乎是个合理的说法，正如你的护照或身份证所表明的那样，而每一个人也都在某个特定的家庭中有某个身份。然而在不同的时候，根据你的所作所为，还有你身处何地，你都会表现出不同的特性。有时候你所表现出来的特质一如以往，当一天开始的时候，你也许表现自己为人夫或人妻，然后是某些人的父亲或母亲，等到进入工作场所的时候则转化成某种专业身份。但在其他的时候，某些特殊行为会让你自己都觉得很陌生，你一定听自己这么说过："我不知道自己是怎么搞的，我怎么会这么做呢？"或是，"我觉得这样真不像我自己！"

对于那些在清醒时候展现的不同身份，你可以刻意忽视，但它们会在梦里继续表现出来。那些你在梦中创造的人物，其实就是你的不同面向，这是你跟那些具有某些特殊性质的人物有所接触后，由这些经验创造出的人物。如果你想表达某些特殊个性，却又找不到精确样本，你可能会直接虚构出某个人物，再把潜意识从其他人那里观察到的一些细微差异的个性加以综合赋予。这些独创的人物通常可以引导各位去了解某些在意识层面上难以理解的情境。

你的梦中人物的行为，通常反映出你与自己性格中某些特定面向的关系。比方说你梦到某个心爱的人，这样的梦其实是反映出你性格中某些深沉而不可言喻的特质。在任何爱的亲密关系中，你跟对方在身份上的区别有时会逐渐模糊，变得难以区分。如果你跟所爱之人分开很长的时间，有时会让你觉得好像是自己缺少了一块似的。出现在你梦里的所爱之人，会帮助你了解他们对你的真正意义，让你知道他们会如何丰富和激发你的日常生活。

有些最常出现在梦中的人物是公众或知名人士，尽管在现实生活中你跟他们可能毫无瓜葛，但因他们常常出现在公共场所或传播媒体上，所以你会马上辨认出来。名人通常代表着某些特定的才能或成就，他们会出现在你的梦里，通常是为了唤醒你去注意自己性格中珍贵而独特的面向，这些特质一直在等待你的发现。其实在电视才艺表演节目出现之前，我们的祖先就已经利用各种不同的神格化人物，来凸显各种独特的才华和能力。

梦中动物

正如你在梦中会创造出许多人物一样，你做梦的时候也会创造出各种生物，在夜晚的冒险中与你相遇。这些梦中动物代表你更接近直觉的本性，虽然人类总是认为自己是更高等的生命形态，但我们仍然是以动物性的形体存在，具有一些自然本性和直觉冲动，这些特质在我们的日常生活中有时甚至显得不适当或没礼貌。

尽管你的直觉本能可能显得危险而无法控制，你梦中出现的动物通常具有一种富于创造力的先天智慧，这是我们在日常生活情境中难以自觉和掌握的。

那些出现在我们梦中的动物，反映出某些未知的力量。在法国南部阿尔代什地区的肖维－蓬达尔克洞穴中，我们祖先在三万年前留下的梦境记录里就出现一些梦中动物。而几乎所有的人类文化里，都有一些信仰是跟某些特定动物的特殊力量有关系，例如古埃及的神猫、美洲印第安原住民图腾式的梦中动物。在许多人类社会里，至今仍有许多巫师在调解意识和潜意识的冲突时，利用这些动物的力量来进行某种直观式的认知。

我们会在梦里创造出各种动物，从凶险可怕的怪物到忠心耿耿的家庭宠物，可以说是一应俱全。家庭宠物代表那些让你自己感到安心的直觉本能，而野生动物则是那些你想加以了解的部分，尽管它们似乎永远都不可能被我们的意识驯服。虽然我们可能不会巫师那一套，但我们还是会驯养一些家庭动物以接近自己的动物精神，给予宠物类似人类的名字，把它们视为家庭成员。而我们小时候也经常会认为自己的宠物具有种种神奇特质，而我们最喜爱的玩伴有时候也会以动物图腾呈现，例如泰迪熊或其他可爱玩偶等。

在我们小时候听到的第一个故事、读到的第一篇故事里，几乎都充满了各种动物；当我们开始牙牙学语，模仿各种声音的时候，动物的叫声成为我们最早发出的声音之一，这些都是我们不自觉表达动物性本能的迹象。在我们开始会喵喵叫、哞哞叫的时候，也开始会辨识卡通里的人物和角色，里头就有许多会说话的动物。我们也在梦里跟自己内在的动物本能持续呼应，创造出各式各样的神奇动物，有些甚至是半人半兽的混合体。这些神奇而美妙的生物甚至会超越我们的梦境，出现在各种神话和传说故事里，例如狮身人面兽斯芬克斯、狼人或者是小熊维尼。

虽然来自社会的压力要求我们驯服这种动物性本能，但压抑它也会让我们感到紧张和不安。那些在梦中与我们相遇的动物，常常代表我们身体的某个部位，要求我们给予培养和照顾。就跟巫师一样，大部分的传统疗法都会利用动物来代表疗愈能力。就算是要求最为严格的西方医学，也以蛇身缠绕的阿斯克勒庇俄斯之杖作为标记。不管我们多努力压抑本能，这些动物都会继续在我们的梦中出现，在我们的潜意识里飞翔腾跃，踟蹰徘徊，带给我们启发，赐给我们力量。

梦中事件

你在梦中的经历，往往就是梦中人物和动物所产生的行动，由此展开的一连串事件。你要是听别人描述梦境，最常听到的一个词就是“然后”，然后怎样，然后怎样，一直到最后，“然后，我就醒了”。这些“然后”标示着你梦境中的重要事件，也让你知道那些梦中故事是如何上演的。那些埋藏在你潜意识里的特性，会在你的梦中发展出独特情节，而你就在这些事件里经历着种种（如各种人物和角色）。虽然梦中的事件似乎都是独一无二的，事实上它们往往都会遵循着某些类似的主题。这些我们在梦中普遍共有的事件，也在我们的现实生活中形成一些广为传诵的神话和传奇故事。启发乔治·卢卡斯创作《星球大战》系列作品的美国神话学家约瑟夫·坎贝尔，针对全球数百种文化，研究几千个跟梦有关的神话故事，发现每一个神话里几乎都包含着相同的故事结构。这些神话故事结构反映出我们个别的生命故事，因此才能唤起我们的深刻共鸣。

在我们的梦境故事中，会有三个基本事件依序开展，首先是呼应某个行动需求，再来是做出深刻而重要的承诺，最后是成功发挥我们自身的天赋。正如文学上所有的伟大故事一样，我们会在行动需求之前进入梦境，如果是舞台剧的话，这就是第一幕，或者好莱坞编剧会说是个铺陈，交代一些背景故事。到了第二幕就展开行动诉求，这通常就是故事的主要部分。当我们逐渐深入这出戏的时候，就必须做出一个艰难的决定，这时大概是在第二幕的中间位置。

我们常常在那个决定性的时刻逃跑，不过如果我们愿意做出选择，对自己做出更为深刻的承诺，我们就会更加深入第二幕，甚至碰到更多的挑战。当我们挺身迎向挑战，就会顺利进入第三幕，我们最后会在这里获得那个呼唤行动的戏剧张力。等到这场戏的剧幕落下，或者演职员表开始跑的时候，我们就会发现这个故事，不管是在梦中或在清醒时的现实世界，都会让我们更深入也更全面地了解自己的天赋。这个做梦三部曲，在所有的经典戏剧或电影里几乎都找得到。

典型的梦大概会持续十五至四十五分钟不等，在这段时间内，虽然只是有限的情节在推动整个故事，但要把你的一辈子都塞进来也不成问题。你会像个技艺高超的编剧一样，自动让故事向前推展，让你创造出来的人物角色持续揭示动机和欲望。

在梦里，你会觉得做梦的时间就是实际的时间，但它其实是故事性的时间，你在梦中的叙述被分割和压缩，只凸显梦中故事的重要事件。

梦中地点

在你的梦中，那些人物角色会在你创造出来的各种地点上演你的故事。这些在梦中展现的景观，将反映你的内心世界，映现你在清醒时对现实环境的观感。如果在梦中出现你熟悉的地点，那些地方将是你留存特殊记忆的场所，例如小时候的住家或教室。除了偶尔重新造访这些熟悉的地点之外，你也会在梦里创造出一些陌生地点，这是为了发掘和探索现实世界中浮现的未知可能或潜在事物。你找到路径，通过那些梦中地点，也就等于是在现实生活中，想要找出方法来达到自己想要的某种情境或境界。

当你梦见进入建筑物里，例如进入房子或办公室，那是在检视自我的性格，或某种你发觉到自己拥有的潜能。如果是梦到身处建筑物的外头，则是在思考那些无法实时察觉的未知到底包含着什么秘密，而你正在想办法探索这些可能性。如果梦中地点在城市地区，是代表那些你在现实生活中建立的复杂知识或丰富经验；倘若是在乡村地区或是户外，则是为了唤起更广泛的天性，其中存有更多机会可以尝试。在梦中前往遥远的地方旅行，代表那些你在现实生活中碰到的陌生或异国事物。

我们在日常生活中所使用的语言，会呼应潜意识对于我们内在心态或想法的观照。当我们说到“有座大山要攀越”，并表示要很努力时，最后可能发现现实中的确出现了某个巨大的挑战情境；当我们着眼于微小细节，而忽略了更为全面的观照时，我们会说：“我们不要见树不见林。”尽管我们居住在距离海边很远的地方，我们还是可能会说：“海岸净空！”（意指前方没有危险或障碍。）当我们正在从事某些熟悉的事务，我们会说感觉“就像在家里”或者“就在我的地盘上”。

当你的潜意识照进现实环境里，有时候就会发现某些外在世界的地点或场所正好呼应你的内心想法。这会让你觉得跟那些特定地点产生更为深刻的联系感，成为对你极具启发或激励作用的地方。有些地方能够反映出族群的内心世界，久而久之成为神话或传说中的圣地，被许多人视为心灵上的重要地点或场所。人们可能会在这样的地点兴建教堂、庙宇或神殿，以彰显颂扬；在运动场上，我们也常看到有些人会特别聚集在他们认为神圣的某块草坪上。

你的潜意识对于你到底是谁的自我认知，大部分是根据你来自何处，又想去何方的理解而来。我们的文化里都会向往一些超脱凡俗的许诺之地或者梦土乐园，诸如香格里拉、香巴拉、极北乐土和乌托邦等。有些人坐在桌子前面或者正走在街道上，当你看着他们的眼睛，偶尔会看到某种已然飘向远方的眼神，那是他们的潜意识正自由地在他们梦中的地点漫游。这些应该出现在梦里的目的地也许在地图上找不到，也无法对应到全球定位系统中的特定一点，但在我们的潜意识视野中，它们是非常真实的地方，是那种我们可以真正回归自我的地点。

梦中物件

在你创造出人物、事件和地点的同时，你也在梦里创造出所有对象。你梦见的各种对象反映了那些你用来塑造自己现实生活的工具和资源，正如你在梦境所看到的其他事物一样，这些梦中对象也不再只是局限于日常实用层次，而是具有某些更深刻的重要性质。这些梦中对象饱含着超脱物质条件的意义，几乎是拥有某种魔力的东西。不过，这个魔力并不是指对象本身，这些东西只是反映你的内在才能，这是在潜意识照射之下才会显现出来的。

几万年来，我们人类一直想努力搞清楚，这些在我们梦里和现实生活中，由潜意识反映出来的东西究竟是什么。对于这些潜意识映照出来的对象，我们经常运用逻辑和理性加以审视，但这种理解方式无法掌握很多直觉感知才能得到的意义。运用理性的语言很难描述这些似乎非理性的东西，因此在我们的文化和所遵循的信条中，逐渐形成利用某些符号来客观表达那些难以界定的事物。对于那些我们的意识难以言说的无形意义，符号正是一种有形的再现。

我们梦见的对象呼唤潜意识赋予其意义，而这就是符号性质的由来。“符号”似乎是个抽象的概念，但在我们身边随处可见，从企业标志到计算机图像，从球队的代表颜色到某些宗教肖像，这些都是符号。在我们的祖先发展出语言之前，就利用符号来沟通，即使是在人类发展出语言之后，我们还是继续运用符号来表达某些最深切的感受。我们运用这些在梦里看到的对象，来表达某些难以言喻的东西，而这些符号并不只是某些事物的替代品，而是让我们得以跟自身之外的某些东西相互连接的方式。

“符号”（symbol）这个词来自希腊文symbolon，原指一分为二的信物或凭证，通常是钱币或骨币分成两半，由两人各执其一，把两件信物合而为一，就能验证彼此身份无误。在互不认识的情况下，这就是建立信任与诚实的方法。因此，符号的意义即来自这种超越自身的连接能力，而不在于它本身的物质条件，因此才会显得如此珍贵。

在我们清醒之时所处的现代生活中，那些可以让我们连接自身之外的东西，即是我们认为最具符号意义的事物。它们可能是信念或信仰的符号；不过我们现在最重视的梦中对象，是我们经常用来跟别人联络的手机。我们的手机具有把我们跟一个更大自我意识连接起来的潜能，因此它才会成为当代社会中处处可见的必要对象。我们在梦里创造出来的对象也是经由潜意识，将我们和自身之外的事物相互连接，而人类的天性就是不自觉地想要探查这样的连接关系。

梦中语言

我们在梦中创造出来的图像和符号，不但可以传送我们自身之外的信息，也可以用它们来向他人表达自己的梦境经验。古希腊人的“隐喻”一词，即表示利用某种东西来表达另一种东西的意义或特性。希腊哲学家兼剧作家亚里士多德曾指出：“最佳的解梦者，就是那些可以捕捉到相似之处的人。”他所说的就是我们做梦时，这种可以传达意义的转喻能力。另一位希腊学者，第一本释梦字典《解梦》的作者阿特米多鲁斯也曾说过：“解梦不外乎是把相似性质的东西并列排比。”

在我们的想象领域里，隐喻本来是一种自然生成的表达方式。尽管大家都会运用隐喻，有时候却也像是后天学习的外国语言一样，不知怎么就被人遗忘了。不过在我们的日常生活里，我们也常常不自觉运用“隐喻”这种梦中语言，例如我们会很直接地说“受天气影响”（意指身体不舒服）、“一块蛋糕”（指某事容易完成、一点儿也不困难）、“大家都在同一条船上”（表示命运或境遇相同）或“桥下的水”（指那些想要忘记、抛却的往事，可能是冲突或不愉快的事情）等，来表达一些不同的意思，但是如果你仔细想想实际上说了些什么，会发现其实都是一些相当奇怪的事物。

我们的梦中语言所运用的惯用意象并非随机选择的，透过这些惯用意象可以描绘出我们的梦中风景。我们会利用土地的“坚实”来代表实用和真实，例如英文会说“down to earth”代表真实、合理；“solid effort”指确切、扎实的努力；“well grounded”指基础牢固、有充分根据或者受过良好训练。天空通常代表思考和想法，例如“bluesky thinking”代表虚浮不实的想法；表达看法或观点是“airing your views”；跟朋友闲聊谈天叫作“shooting the breeze”。水象征着情感和经验，语言上的例子像是：出于真诚、发自内心叫作“feel it in my water”；哭得非常伤心会说“floods of tears”；情况不佳或衰退则叫“at a low ebb”。火和光则代表创造和激情，例如我们常说炽热的欲望，“burning desire”；当某事受到刺激而发作，或一群人兴冲冲地做些什么，叫“all fired up”；灵机一动或突然了解某事，则说是“a light-bulb moment”。

正如同口语和书面文字的演变，一些话语也会恢复成原来的图像，让我们在做梦时可以运用它们来表达更深层的意义。当我们在梦中看到某个珍贵图像时，也常常会运用双关语的技巧来创造我们专用的语法。这些梦中的双关语通常会运用两个发音相同的文字来代表指称不同的含义，也就是我们说的同音异义。例如根据报道许多名人都曾梦见跟女影星费·唐纳薇一起出现在某部电影里，这并不是希望实现愿望，而是反映持续不断的焦虑，害怕自己职业生涯走下坡路，担心自己名人地位的衰退。

在大多数的民族文化里都有一些传说故事，宣称人类语言在分歧成许多种以前，全世界都说同一种话。其中最知名的大概就是“巴别塔”的故事，大意是说当时大家在巴别塔都可以用同一种语言来交谈，后来人类被分散到世界各地才发展出不同的语言系统。不管这个故事具有多少真实性，人类共通的梦中语言仍然继续以符号和隐喻等明显的图像来进行。每当你在现实生活中使用成语或比喻的时候，都是在运用梦中的本能语言。

梦中故事

我们做梦的时候会出自本能地运用意象语言，而且自然而然将梦中运用的符号组成更复杂的模式。这些模式就是我们解释世界、了解自我的主要工具，我们称之为“故事”。当我们在现实生活中碰上某些无法理解的事情，我们会试着从中抽检出某些有意义的主题，然后将它们组成某种“故事”模式。当我们想知道某个状况的复杂性时，我们常常会问："这里头有什么故事吗？"如果我们发现各个主题相互脱节，整个模式变得毫无意义时，我们常说我们已经"搞丢了情节"（意指搞不懂状况、分不清来龙去脉或失去理智）。

我们的梦有时仿佛显得短暂而虚幻，但世界上有许多伟大而不朽的文学作品正是来自作者探索潜意识的启示才完成的。詹姆斯·乔伊斯是爱尔兰最富才华的作家之一，虽然他最擅长的写作风格被称为"意识流"，其实应该叫作"潜意识流"才对。乔伊斯最著名的作品《尤利西斯》，即是根据荷马史诗《奥德赛》主角奥德修斯如梦似幻的旅程，援引相同的神话模式所创作出来的潜意识意象。后来在另一部小说《芬尼根的守灵夜》里，乔伊斯又继续以他的潜意识流风格，跟我们分享更多的梦中意象和同音异义字。

另一位最伟大的作家、剧作家兼诗人威廉·莎士比亚，他那些辉煌灿烂的戏剧作品也常常是以他自己的梦境作为基础。莎士比亚有许多出戏可说是梦的戏剧化，他早期创作的历史剧，如《亨利六世》和《理查三世》即是以梦境或梦兆开场，后来在《麦克白》的刺杀场景和描写朱丽叶希望罗密欧复活的一吻时，莎士比亚再次运用了梦中意象。除了运用梦境来安排情节，莎士比亚有许多出戏也都安排在宛如梦境的场景里，例如《冬天的故事》中的波希米亚森林，《暴风雨》中普洛斯佩罗施加魔法的小岛，还有《仲夏夜之梦》如梦似幻的场景。

莎士比亚和乔伊斯都是誉满全球的文学大师，不过当我们做梦的时候，我们也一样都是世界级的作家和剧作家。我们的梦就是一首自然而然产生的诗歌，它不仅是单纯描述一个世界，而是运用充满喻义的意象凭空创造世界。我们在梦中创造出来的故事，都是为我们跟自身之外的某些事物相连接，把我们在现实生活中的内在体验转化成更为深刻的意义。当我们连接这些经验片段来建立更具意义的模式，我们的潜意识即可借此更细微地表达出比我们的生活更广阔的故事。

正如我们的梦存在着某些模式一样，我们在清醒时所讲述的故事也一样会遵循一些基本模式。现代社会中一些广为流传的故事，往往只是潜意识在复述那些历久不衰的古老传说。史蒂芬·斯皮尔伯格的电影《大白鲨》虽是根据彼得·本奇利的小说改编而成，但里头却跟一千二百年前的英格兰史诗《贝奥武夫》有着奇特而不自觉的相似之处。那首英雄史诗所记录的是在海洛特-加龙省附近海岸村落遭受水怪格伦戴尔的侵扰威胁。在有关人类的艺术、心理、灵性和神话中，存在着一个更为广阔的创造基础，而我们的梦中故事就是让我们清醒时的真实生活可以直接跟这个基础所创造出来的故事相连接。

梦中神话

现代社会常常把神话故事视为无稽之谈。我们也常常说某件事情“只是个神话”或者“只是在做梦”，不过这么一来也断绝了我们跟自身那个大故事的连接。我们自己的神话并非虚浮无根，而是来自一个更为深远的内在模式，这是我们了解自己的生活，为它创造意义的源泉。古老的神话看似跟现代文化无关，但是当我们开始分享自己的故事，也就等于创造出自己的神话，这正是心理探索最基本的形式。

那些源自古代神话的故事，形成我们现代所有心理和行为研究的基础。尽管那些神话里可能充斥着男女诸神——还有许多奇妙生物和不可能发生的事情——但它们所真正描述的，往往正是人类行为的基本模式。就算是一则讲述特定事件的个别神话，其中也包含了普世性质的人类经验。这些在神话里一再引述的模式，就跟你阐发潜意识并与之相链接的模式一模一样。我们会运用这些神话模式跟自己人生全面观照、相互链接，为自己选定视角，探索自己的人生意义。

神话所说的似乎都是久远过去的故事，但我们的现代生活其实也有许多神话和传奇故事。从平日可见的电视肥皂剧到席卷全球的强档电影，那些人类基本行为的神话基础一直都在我们身边屡见不鲜。从简单的童话故事到复杂的亚瑟王传奇史诗，我们大量运用讲述故事的文化手段，把这些人类行为模式囊括进自己的故事里。那些行为模式是我们难以靠理性得知的，但个人的神话却能帮助我们自然地理解，鼓励我们跨越已知的领域，走向未知的世界。

在科学教条思想和组织性宗教日益茁壮的现代，我们跟个人神话也更为割裂。然而，正如我们所做的梦一样，我们的神话就是一种创造性的作品，让我们得以超越理性思维的局限，让我们可以尽情尽兴发挥想象力。当我们了解到神话虽然不是真实事件，却是描述行为的模板时，我们就可以运用它们来支持和探索我们的想象力。我们每个人的梦都跟集体神话一样，具有相同的功能，而它在秘密和个人的层次上都可以帮助我们真正认识个人故事的丰富和复杂性。

当你了解自己的个人神话之后，你就更能理解自己在日常生活的各种戏码中所扮演的不同角色和身份。当你历经生命，展开自我追求的时候，你的神话会让你知道自己置身何处，又该何去何从。作为一个人，拥有神话式的生命就跟你的肉体生命一样重要，因为你的日常生活中许多肉眼看不到的框架，正是来自这些个人的神话。我们每一个人的梦，就是自己的神话，而我们的神话正是人类集体的梦。

梦的心理学

当我们探索梦的时候，很容易太过专注于梦境本身，而忽略了那个做梦的人。要解开梦的真正意义及其中信息，从了解做梦的人及其潜在行为模式入手，具有惊人的效果。心理学就是研究人类行为的学问，并且能够超越纯粹意识和生理表现，更深入探索人类是什么。尽管心理学的研究相当复杂，也存在着许多明显的矛盾冲突，但探究其中，心理学的基础不外是要回答你是谁、你需要什么、你相信什么。

“你是谁”这个问题，通常可以从你在梦中创造的人物是何身份揭示答案。从心理学的角度而言，身份永远跟行动有关，因此你越能了解自己的特质，就越容易在现实生活中达成自己的目标。跟那些在梦中创造的人物一样，你的梦同时反映出你必须做出的一些重要选择。那些跟身份有关的梦境往往也会出现建筑物，这代表你和其他人之间存在着障碍和阻碍，也象征你个人的界限。当你认知到自己的多重身份之后，就会比较容易做出正确决定，知道要采取哪些行动比较好。

你所需要的东西，通常会从那些在你梦中似乎是最珍贵、最重要的事物表现出来。你的需求通常就反映在你认为最有价值的事物上，因此在梦中最吸引你的事物，也通常就是你在日常生活中最看重的东西。揭示你需求的梦境，通常是以发现宝藏或遗失贵重物品来呈现。诸如在梦中创造某些事物或想要摆脱某些东西，也常常是在反映你的需求；另外像是追求爱情、亲密和欲望的梦境，也是在表达你自己的需求。如果在梦中充满惊奇或意想不到的突破，也可能是在揭示你的真正需求。

你所相信的是什么，主要是根据你检视某个状况时所采取的特定观点。当你的潜意识搜寻自我身份，受到那些自己看重的事物所吸引时，你就会发现自己能够从各种不同的观点中选取自己的看法。那些表达出自我信念的梦境，通常跟透过某种方式来沟通，或者无法畅所欲言地说出自己想说的话有关。如果是在梦中寻找某样东西却永远找不到，也可能是一个述说自己信念的梦。如果是四处寻找某些可能性的梦境，也是跟你所相信的事物有关，此外那些带有神秘感或超自然现象的梦境，也是如此。

在我们要讨论的一百种梦境里，你会看到那些在我们创造梦中故事时，一再重复出现的人类心理基本模式。了解这些基本主题，可以让你更明白自己的身份，知道自己需要什么、相信什么。你越明白自己是谁，知道自己要什么、相信什么，你就越能做出决策，创造自我价值，也更容易表达自我。你的梦并不只是一些抽象的心理理论，而是生动活泼且富含意义的故事，只要你愿意进入其中，就能了解它们的真正含义。

100 个最常见的梦

01 遭到驱逐或追赶

梦境

你发现自己被某人或什么东西追逐，你认为他们会以某种方式伤害你。追赶你的可能是好几个人，也可能是动物或怪物。你一直跑，想要躲开他们（它们），希望不要被那些人或东西追上。你似乎一直觉得受到某种攻击或伤害的威胁，**但是不管你跑得有多快，似乎都没办法找到一个安全而能受到保护的地方。**要摆脱那些追赶你的人或东西似乎是不可能的，随着你的奔跑，你感到越来越焦虑和不安。

意义

虽然在现实生活中，你通常会觉得要摆脱什么人的追赶很容易，但在梦里你就是摆脱不了。不管你跑了多远，或者多么善于躲藏，他们永远都会找到你。其实这是因为那些追逐你的东西，正是你自己的某个面向，因此不管你跑到哪里去，它们都会如影随形跟着你。你的行为的这个特定面向，是在日常生活中的某些特定情境下才会表现出来，**通常是碰上特定事件或某些对象才会被触发**。但是追赶你的并不是那件事或那些人，而是你对于那些人或那个情境的看法和理解，那些对你紧追不舍的东西正反映出你自己个性上的某些特点。

梦中追赶者以什么形式出现，将会表明它到底是你自己的哪个面向。如果是被动物追赶，表示这是一种**本能冲动**，是在日常生活中你很难容许或控制的本能冲动。如果是怪物在追赶你，它代表你所拥有的某种**不成熟但力量强大的才能**，可是你又觉得要运用这项才能，使它变得更强是相当困难的。如果是一个男人、女人或一群人在追赶你的话，表示你有机会发挥某项才能，但又想在**展示能力的同时躲避某些责任**。虽然这些追赶你的人或东西似乎相当吓人，但他们（它们）其实是让你注意到，你自己在追求某种东西的过程中尚未发挥的力量和才能。

行动

从这个梦向前延伸，会发现它跟那些你在日常生活中想要获取进展却让你感到紧张的事物有关系。通常牵涉到你或许必须离开自己的舒适区，采取自信而果断的行动来解决那些状况，才能取得进展。外表上看来，似乎什么都不要做会更容易，也会让你觉得更轻松，**但是不采取行动通常只会更糟，带来更多的压力和紧张**。只有面对问题才会让你不再感到无助，才能让你获得信心，可以把结果导向对你有利的方向。届时你将不再是被追赶的人，而是成为一个追求者，追求自己选择的机会。

背景

在我们的现代社会中，这个梦仍然会反映出一些石器时代狩猎和采集活动的行为模式。在古老的彼时，我们不是在追逐什么，就是在躲避某些东西追逐我们。我们追逐动物是为了要吃它们，而躲避追逐则是避免被它们吃掉。尽管在现代社会中，我们追逐的东西已经不像过去那么危险，**但我们还是把那些深具意义的活动称为“追求”**。我们所追求的目标，即是我们所有的希望和抱负的基础，当我们睡觉时，它会在我们的梦中清楚地表达出来，而在我们清醒时的日常生活中所做的，也正是我们的梦所清楚展现的。

02 牙齿脱落

梦境

原本什么事都没有。突然间，你发现自己的牙齿有点松动，然后开始从牙龈上脱落。你感到很紧张，希望其他牙齿不要出事才好，但后来它们也开始摇晃。最后你可能会从嘴里吐出牙齿来，满嘴的鲜血，或者发现牙齿都碎了。你也可能照了镜子才发现自己的牙齿蛀得很厉害，或者看到自己长出像野兽或吸血鬼的獠牙。

意义

梦见你的牙齿，这跟日常生活中你对自己的自信和能力观感有关。我们在微笑和咬东西的时候才会露出牙齿，因此它们常常反映出你的自信和决断。失去牙齿代表某个事情或东西正让你面临挑战，让你丧失自信心，觉得自己没有能力处理好。正如牙齿会一颗一颗地掉落，**你在日常生活中的某些方面受到打击之后，可能其他方面也会跟着出问题**。当你的自信心开始动摇的时候，你会发现此时最好闭嘴，不要帮自己说话会来得容易点。

牙齿碎裂表示你正在丧失自信，因为你无力维持自己的尊严；如果发现自己的牙齿蛀掉，表示自己觉得个人权利正在被削弱；发现自己牙齿上的填补物松脱，表示自己不再像以前一样信心满满；牙槽出血表示**某个亲密关系正陷于紧张，让你觉得自尊受损，降低你的自我价值感**。如果梦见自己戴着牙箍矫正牙齿，表示你正利用外在支持维持自信心。闪闪发亮的牙贴面和牙套表示你正刻意展现自己的力量。像吸血鬼般的长牙和獠牙，表示你可能正依靠别人的能量和热情来提升自信。

行动

这个梦的信息是：不管你现在在日常生活中碰上什么状况，遇到什么挑战，**都应该对自己更有信心**。尽管面对横逆时，你可能感到力不从心，但是你只要以更具自信的态度来采取行动，就能改变情势的消长。只要你展现出更多的自信，就更可能克服这道难关。不要因为那些未知或不确定的事物而感到软弱无能，它们就是要挑战，只看你能不能咬下来。

背景

大家在小时候都有乳牙脱落的经验。而在那段换牙的年纪，通常也是我们**跟其他人争取自己权利和塑造自我身份**的时候。不过，就跟所有人一样，似乎是父母或老师们才拥有所有的权利，而孩童则处于相对弱势之中。这种情况常常导致孩子丧失自信，所以当我们长大成人之后，一旦再次感到自信不足时，常常会梦到牙齿脱落。

03 找不到厕所

梦境

你很急，想上厕所，又急又慌地想要找到厕所。可是你只能在一个陌生的地方，找到一间没有隐秘性的厕所，它可能没有隔间，或者门无法上锁。或者你急着想上厕所，却发现需要在长长的人龙中排队。找到厕所或轮到你之后，你发现那儿非常肮脏，很恶心，马桶完全堵塞，地上都是可疑的液体，或者根本就是禁止使用。你担心弄脏自己的鞋子，厕所里也没有卫生纸，或者让你洗手的设备。

意义

在日常生活中，厕所是排泄的地方，把那些对我们身体不健康或维持生命不需要的东西排除出去。因此这种忙着找厕所的梦，表示你在日常生活碰上某些状况，你认为它们对你不健康，让你不舒服，但你又不知道怎么排除它们。这种梦**通常跟你的个人需求有关系，暗示着你能否把自己的需求告诉他人**。找寻厕所，代表你正在寻找某种方法，让他人明白你的需求。而那些需求可能是你不常有的，感觉相当陌生的，因此你格外注意**保持隐秘**，希望能够不张扬而隐匿地解决这个状况，因此你也不能公然表现出自己很需要什么的样子。如果是排队等着上厕所，代表你即使是在迫切需求之下，还是先考虑到别人的情况。

你心里很担心，万一宣扬你的需求，可能会带来更混乱的状况。因为你觉得自己没有多少办法可供抉择，也没有足够空间可资操控，这让你难以把自己的看法或状况讲出来。你还担心这件事会让你的情绪变得很糟，让你非常伤心，或者害怕自己请求他人帮忙却被拒绝。你小心翼翼地不要弄脏鞋子，代表你在情感层面上太过谨慎，害怕到了最后不知道事情会变成怎样。有时候你真想一吐为快，把事情都说出来，然后把手洗干净，别再跟这件事情沾染上任何关系，但你似乎也办不到。

行动

在日常生活中，你时常希望别人可以满足你的需求，但最后却是他们把问题丢给你。要解决这个状况最好的办法，就是把你的需求置于他人需求之前，而且**要适时地学会说"不"**。如此一来，你可以在自己和他人之间建立一道坚定的界限，你才有余裕照顾自己的需求。虽然这么做可能看起来很自私，然而当你能够**先照顾好自己的需求，你才能更顺心地去照料他人的需求**。

背景

幼儿时期的如厕训练，学会控制自己身体的基本活动，就是我们最初**学习到的控制自身需求的经验**，也就是在这个时候，我们第一次明白社会义务优先于自己的生理需求和生理功能。在这个训练的过程当中，我们会了解到，如果不能合适地表达自己的需求，可能会让情况变得非常糟糕，也会让自己感到非常羞耻。尽管我们在小时候就已经学会控制自己的生理需求，但我们成人之后在控制自己的情感需求上仍然会觉得相当困难，这是因为它偶尔会唤起与小时候相同的脆弱和尴尬的感觉。

04 当众赤裸

梦境

你很惊讶地发现，自己在公共场所竟然完全没穿衣服！你慌乱地想遮住自己的身体，急切地想找到什么东西可以让你躲起来。当你身边的人都穿着衣服，但即使**你觉得非常尴尬，那些人似乎都没注意到你没穿衣服**。让你在意的不是没穿衣服会冷，或任何其他的生理不适感，而是你不知道别人对于你赤身露体会有什么看法。或者，你也不是完全赤裸，但在某个重要部位的衣服却少了一块，大家都看得见你身体的那个部位。或者，你只是下半身没穿，或只穿着外套，里头却是空的。

意义

当你梦见自己当众赤裸，表示你在日常生活中遇到某些状况，让你觉得自己很脆弱，暴露出什么弱点，或置身于某种危险之中。当我们进入一个陌生的情境里，例如刚开始做一份新工作，或发展一段新关系时，可能会因为对自己的能力没信心，而做了这样的梦。**我们穿着的衣服，就是你乐意向世界展现的自我形象，衣服就是我们的保护屏障**，让我们在跟他人打交道时能够借以隐藏真实自我。尽管你对自己是乐于完全公开的，但对于生活中某些更为私密的部分，如果丝毫不加遮掩，你还是会感到不舒服。

尽管你运用任何可能的手段来隐藏自己的不适感，似乎也没人注意到你觉得不愉快，因为你这时候还是能够表现出安全和自信的样子，而不是你自以为的脆弱或暴露在危险之中。如果你一直很**在意自己的表现过于脆弱**，在真实生活中的待人接物或许就会显得太过冷淡，而且隐藏自己的真正感受也可能让他人感觉不适。如果是你衣服上缺了重要的一块，这表示你对自己还挺有信心的，只是你觉得自己的**盔甲上好像有个缝隙**。然而，你越是把自己覆盖得严严实实的，你就越难以展现出自己的独特天赋或才华。在我们生命之中的很多情况下，唯一能够表达自我的方式就是全然地公开，真实展现自己。

行动

这个梦是在帮你发现自己想要表现才能的需求。隐藏自己的能力，不必接受他人的评判，就比较不会受到批评，这么做虽然很安全，却会让你感到失望和有挫折感。选择隐藏自己的才华，可能会在别人有所期待时，才加以展现，这种表现方式或许并不真正适合你。因此，你越是公开地向他人展现自己的才华和能力，你就越能**发现自己的独特性**。

背景

在我们生命的内外之间，**皮肤形成一道清晰可见的界限**，当这个界限欠缺防守时，我们就会感到脆弱，容易受伤。当我们看着他人如何处置遭到批评、责难时，我们常说某人“脸皮很厚”，某人“脸皮很薄”。如今在许多文化里，当众暴露身体似乎不再像过去那么不能被人接受，我们身边就可以看到许多赤裸的图像，传播媒体上也常常看到穿着暴露的人。不过，就算有些人自愿当众暴露身体，他们也常常利用文身来表明自己的身份，同时作为屏障物以保护自己脆弱的那一面。

05 参加考试却没准备

梦境

你进了考场，准备参加一场重要的正式考试，却突然惊觉自己什么都没有准备。你早就知道有这场考试，也有充足时间让你用功复习，但是因为某些原因你完全没有准备，如今则是**为时已晚，想再做什么都太迟了**。你对自己真的很失望，你知道这是非常重要的测验，如果成绩不佳会有很糟糕的影响。这场考试显然是搞砸了，那些你真正想追求的抱负也都将化为乌有。

意义

梦见考试没做准备，通常是表示**你在真实生活中检视自己的表现时太过严苛**。你在日常生活中为自己的表现设定了一些标准，你认为达到这些标准才能真正获得他人的认可和嘉许。你觉得自己如果不能勉力达成这些目标的话，从某些方面来说就算是失败了。虽然它看起来像是某种外在机构所设置的考试，是否**及格的标准其实完全在你**。你觉得自己还没准备好来接受这个自我测验，是因为自我认知的深度还没达到自己要求的程度。

你在日常生活中事事都不敢冒险，希望以最安全的方式来进行，这种措手不及、毫无准备的感觉就会经常出现。对于任何必须执行的任务，不管是大型计划或是琐碎小事，你通常都会一丝不苟地小心准备。这种心态可能让你对于成绩表现有过多的期待，因此一直伴随着某种焦虑感，害怕最后会把事情搞砸。虽然这种紧张感会敦促你前进，让你一直可以获得众人称羡的成功，但也可能会让你因此忽略一些对你来说更为基本的需求。**成功的真正标准并非你能力的高低**，而在于你能否明白什么才能让你拥有快乐而充实的生活。

行动

要从这个梦继续向前进的最好方式是：好好思考一下**让你在生活中感到最快乐、最满足的事物是什么**，而你是否能够做到，让你真正获得快乐和生活得充实。这通常是一些自动自发又能让你觉得快乐的事物，不需要你不休不眠地做准备就能得到。对自己太过严苛，你会一直觉得自己是个失败者，不管在真正的生活中你表现得有多么优秀，获得多少成功。不要沉溺在无休无止的自我检验里，自我的真正试炼在于能不能透过你的知识和成就，来认可自己的才华，而不是一再评判自己的能力。

背景

考试是根据**别人的期望**来评判自己，它在梦中反映的是，如何根据自己的期望来判断自我。尽管在学术领域上的考试已经存在几千年，事实上这是由部落仪式和挑战演化而来的。远古部落要求族人必须通过某种入门仪式的考验，达到特定程度的表现，才会被整个部落接受。获得他人的接受和认可虽然很重要，但更重要的是要接受自己的才华，承认自己的成就。

06 飞翔

梦境

飞翔的梦通常是从漂浮的感觉开始，你意识到重力不再拉得住你，于是你腾空而上，开始在空中飞翔。**你只要动念想到哪儿去，自然就会飞向那里，对此你感到巨大的欢喜**。有时候你只是单独飞翔，就像个超人一样，或者你也可能梦到自己正在搭乘飞机或其他什么不寻常的飞行工具。在某些飞行的梦里，你可能觉得自己是个乘客，但如果自己控制飞行方向，会让你感觉最为自由和解放。

意义

当你梦见飞翔时，你感觉似乎是从日常生活的限制和义务中解脱出来。那些跟我们的义务有关的词汇，有许多都采用重量的喻义，我们会说"状况的严重性""郑重决定"，当我们卸下重大责任时，感到"无事一身轻"。飞翔的梦就反映这种解放感，表示你已经**从某个让你喘不过气来的状况中解脱**。卸除重担后，你就可以自由地做出选择，不再受到任何限制的行动，让你"自由得像只小鸟"，广阔天地任你翱翔。

在创作过程之中，它常常跟选择的自由有关联，也许你的独特才能已经超越了实用层面，**不该受到传统或既定程序的限制**，这时你已经把境界拉高到他人难以企及的高度。如果你发现自己飞不起来，或者有什么障碍让你无法起飞，通常表示现实生活中某些事物让你受到牵绊。如果你是驾驶某种不寻常的工具飞行，表示你具有某种独特技能，如果可以发挥出来即可带来莫大的**解放感**。如果梦见自己是位乘客，表示在当前情况下，你虽然享有一些自由，但还不到随心所欲的程度。

行动

这个梦反映出你在现实生活中正试着摆脱限制，让自己获得解放，比以前更自由。尽管你可能以为这种解放感只是好运或纯属巧合，但这通常是因为你想办法为自己创造了某种机会才获得的。此时值得再多多考虑一些其他的机会，**冒点风险，这会让你得以进入一些可能的新领域**。要在做梦之后维持那份飞翔感，你要避免陷于毫无根据的空想或幻想，确保自己拥有一个坚实的平台来推展自己的想法，让它们能在一个安全而适宜的地方着陆。

背景

虽然人类在二十世纪初才开始进行动力飞行，但是我们的想象力翱翔于蓝天之上已达数万年之久。虽然我们不靠镜子就看不到自己的头顶，但我们可以感觉到自己的头顶，飘升想象力上接天际，和那片蓝天相互连接。**天空足以成为人类想象力的代表**，它是我们最强大力量的天赋点。在各种文化中，大多数的宗教和神话里，能够支配天空的通常就是最有力量的神祇。

07 跌倒

梦境

睡梦中的跌倒感觉，通常似乎都在**毫无预兆**之下就突然发生。往往是感到一切正常，凡事都在控制之下，但你突然一个踉跄就跌倒了。有的只是踢到小石头，或踩进小洞脚崴了一下，但有的则是从楼梯滚下去、坠落悬崖或掉进深渊，似乎无法制止自己的坠落，似乎摔落地面才突然感觉停止。

意义

跌倒的梦通常跟现实生活中察觉某些事情失败有关，通常是你在某个特定状况下，突然意识到自己无法完全控制结果而引发的。你可能预先为自己预期的结果设定了很高的标准，觉得自己如果不能达到的话，就算是失败了。这可能让你大受打击，认为自己不但让众人失望，你自己也很失望。不过，你**偶尔也需要卸除自己的某些责任**，而梦中这种跌倒或坠落的感觉即来自现实中必要的放手。当你懂得放手以后，才能得到自由，继续前进。

入睡之后，你才能从自觉的意识中释放出来，让你的身体得以放松来恢复机能，同时你才可以获得做梦的机会。你梦到跌倒，通常是因为**你的身体正处于放松状态，你正在释放那些累积在肌肉之中的紧张**。如果只是踢到一个小障碍，例如路边的小石块，通常是在释放一些日常生活中比较轻微的紧张。万一是那种声势浩大的坠落，表示你需要卸除某些拖住你，让你无法前进的重大责任。掉落到地面，表示你需要采取某些更实际或更平实的办法，在你踏出步伐之前，要先站稳脚跟。

行动

这个梦常常是因为累积的压力和紧张所触发，因此是鼓励你在日常生活的某些领域中采取较为宽容的态度。**睡前做一些放松身体的活动，就可以消除大部分的肌肉紧张**。我们害怕失败的时候通常就会肌肉紧张，仿佛一整天都绷得紧紧的，才好承受冲击。**紧张的时候往往就注意不到好机会**，无法利用它们来扭转局势。你越是能让自己放松下来，就越可能带来满意的结果。

背景

进入睡眠状态，我们常说“陷于昏睡”，因此陷落、掉落、放手都跟放松有些关联。当我们的身体对抗重力的大肌肉放松时，例如背部、腿部和手部，我们的身体就会跟床更为贴合。这些肌肉释放紧张时，常常伴随着某些轻微的抽搐，叫作“临睡抽搐”。当我们正在入睡边缘或已经睡着时，常常会有掉落的感觉。在英文里，“掉落”（falling）常常跟失败的意思连接在一起，例如“遭到抛弃、弃置不顾”（being let go）；“失去恩宠”（falling from grace）。

08 交通工具失控

梦境

你梦见自己搭乘或驾驶的交通工具似乎已经失控了。通常是汽车，但也有可能是任何动力交通工具。**无论你多么小心谨慎，那台交通工具似乎就是不听操控**，不愿去你想去的地方，还常常失控旋转，惊险万分。你拼命减慢速度，想让它停下来，害怕会撞到什么而损坏汽车，或者让你跟乘客受到伤害。或者，你发现自己正开下山路，惊慌地猛踩刹车，却发现没什么用或根本刹不住。

意义

梦到交通工具，表示你在生活上正在思考一些跟方向有关的事情，通常是**职业生涯的方向**，希望自己在专业领域中可以得到更多发展的机会。在梦里最常见的交通工具就是汽车，象征你的个人动机和野心。大型交通工具，例如火车或公交车，通常代表团队或组织，你可能就是其中的一部分。尽管你有个大计划想要付诸实践，却又不知道该从哪个方向着手。整个状况好像就快失控了，**你越是用力，一切似乎就离你越远**。

梦见即将撞车，表示你正要碰到某些难以避免的事情，甚至会发生碰撞。如果发现自己的车子正在倒退，特别是倒退滑下坡道，表示你可能想扭转某件已经决定的事情，或者对于某些承诺感到后悔而想撤回。刹车失灵，代表你跟某些人的冲突大概是不可避免了。对于身陷其中的这些状况，你很想加以摆脱，也很担心是否挣脱不了。尽管你觉得退让或撤退才是解决这些紧张最好的办法，但你如果想继续前进的话，就只能面对横亘在眼前的挑战，重新掌握局势。

行动

你不该放弃现有的工作，而是该仔细考虑那些你可以控制的部分。那些你能够操控的部分，如某个工作团队，也许它看起来不起眼，而且里头有些人可能也需要你去影响他们，而非直接控制他们的行为。如果有人可以帮助你掌控情势，让你可以坚定地操控方向盘，就不要怯于寻求他们的帮助。要承认某些状况是你难以控制的，也许是令你相当**难以接受的、心痛的**领悟，但是你越想控制那些不确定的事物，你越可能感觉到情况失控。

背景

当我们学习驾驶车辆时，常常会碰到一些让你完全不知该如何是好的情况。当车辆对我们的操控毫无反应时，它就像是自有想法似的。你个人对于交通上的安排，通常会跟你想去哪儿有关，跟真实生活比对，就是我们想要完成什么，达到什么目标，因此我们常说某某事物是“我完成野心的工具”，或者什么事情是“通往成功的道路”。我们也常常把做某些事的动机说成“驱动力”（drive），或者形容某些人朝向特定目标前进是多么“急迫”（driven，与drive〈驾 驶〉这个词有关）。

09 找到没使用的房间

梦境

你在自己的房子走动，突然发现以前不曾看到过的一道门。**尽管你在这幢房子已经居住多年，却从来不曾打开过这么一道门**。但是这道门又让你觉得很熟悉，这真是奇怪，你打开这道门的时候感到既害怕又兴奋。然后你惊讶地发现，那是你完全忘记的房间。有时候，那个房间所处的位置，从建筑上来说根本是不可能存在的，或者那道门打开之后，出现了很多个房间，或者让你发现里头是另一个更大建筑物的一部分。

意义

你梦到自己的房子，通常就代表你自己，而那些房间就是你个性上的不同面向，那些房门是你在现实生活中展示的不同面向或特点。在梦里发现过去被忽略的房间，代表**你在现实生活中可能碰到一些令你兴奋的新可能**。开门后的房间让你感到非常熟悉，表示那可能是你过去非常热衷的某样才能或技艺，但你早就弃之不顾很久了。之前不知道是什么原因，你不得不关闭那道机会的大门，甚至根本就忘掉那些事，但现在机会来了，你可以**重新拾回曾经的那份干劲，发挥你的潜能**。

这种梦通常发生在你日常生活中出现某些新空间或余裕时，让你可以重温一些过去热爱的事物。那个房间的大小，反映出这个新机会有多大，这个过去被你忽略的房间常常可能会延伸到远方，或者里头还包含着许多房间，这表示你探索那个可能性之后，将会继续发现其他一些让你兴奋的事物，这都是你目前难以想象的好机会。房间里有些什么东西，将会反映出那些被你弃之不顾的才能或你热爱事物的本质为何。它们可能蒙上灰尘，也可能已经生锈，但仍是完好无缺，正等待你再次使用。

行动

尽管对于自己的成就和不足，你认为自己知道得很清楚，但还是有些才能或技艺是你自己没发现的。探索这些才能的机会，往往出其不意的。正如任何一个房间一样，你要花点时间才知道该怎么布置、安排，当你想利用那个房间所代表的才能来完成自己的抱负，你也要花点时间思考才能知道最好该怎么做。你要**勇于尝试那个机会，不要拒绝或排斥任何你所创造出来的可能**。当你开始探索某项才能并运用之，你会发现更多其他机会。

背景

我们学习的主要手段之一，就是模拟。而**我们最早运用的模拟之一，就是把我们的房子看成是我们自己**。就像房子可以区隔内外一样，我们的生活也可以区分为内在和外在两部分。房子里最讲究的就是空间大小，而它拥有多少个房间正足以反映出它的价值。正如同房子可以扩建以提供更多空间，我们越是拓展自己的能力，就能找到更多塑造自我的珍贵机会。

10 迟到

梦境

你本来以为自己有充足时间可以赴约，却突然发现已经很晚了。你看着时钟，匆匆忙忙地准备，不明白原本那么多的时间都到哪儿去了。当你赶着要去约会地点时，却一再碰到障碍和干扰，让你非常沮丧。为了应付这些挫折，你惊慌地发现又浪费了更多的宝贵时间。你开始觉得你的时间似乎不是你自己的，而你**永远也无法到达你想去的地方**。

意义

你梦见迟到，表示你在日常生活中可能觉得自己正失去某种机会，因此无法达成某些目标或完成某些事情。在梦中订下的约会或期限，通常代表你在日常生活中设定要达成特定目标的行程和时间表，例如准备建立自己的家庭，或取得某项专业资格认证。虽然你很想达成这个目标，但你意识到自己的时间正渐渐流失。在梦里望着时钟，表示你在生活中要同时兼顾许多事情，但你开始**觉得做这些事情都不能让你有所进益**。尽管你可能以为自己相当努力，但其实只是在敷衍了事。

你越是急着达成目标，机会似乎流失得越快。你可能尝试了许多不同的方法，却发现**无一奏效**，都无法让你达到目标，这让你非常沮丧，也使你备受困扰。这些情况都表示，你在日常生活里可能一直在回避某些决定，不愿意对某些特定事务做出承诺，不愿下定决心去进行。对于这个重要决定，你越是拖延不面对，你就浪费越多时间。**当你真正下定决心，采取果断的行动，也就开始为它的结果承担起责任**。你越能下定决心来采取行动，就能获得更多的时间来确保你的成功，而不再只是眼巴巴地望着时光流逝的时钟。

行动

这个梦所带来的及时信息是：让你下定决心采取有意义的行动，而不是穷忙、瞎忙，做那些毫无意义的事情。在你痛下决心做出承诺之前，都是在彷徨犹豫，毫无效率地浪费时间而已。只要你**断然采取明确行动，就会发现许多可以助你完成目标的机会浮现出来**。一旦做出决定之后，你的奋斗方向就清楚了，你也可以利用自己的时间来好好做计划。你的时间掌握在自己手中，不再受到那些一时兴起的奇思幻想所干扰。

背景

虽然我们是在远古祖先之后才发展出以日历和时钟来测量时间，但早在史前时代，人类就会利用某些自然节奏来安排自己的生活。**根据太阳和月亮的周期**，人类观察到一些自然事件的发展，然后**运用这些知识来安排某些行动最恰当的时机**。在忙碌的现代世界里，时间已然成为我们最宝贵的东西，而且似乎永远都不够用。因此，我们越是能采取有效的行动，就越能为自己争取到最重要的时间。

11 寻找事物

梦境

在这个梦里，你一直在寻找某个东西，但你又不是很确定自己想要找什么。你可能是在自己家里到处找，搜寻各个不同的房间、橱柜，或者在自家花园，或者在街上寻找。你也可能是在办公室或工厂寻找，或者正开着车子四处绕、四处找。更远一点儿的话，说不定你还会搭着火车到他乡异地，甚至搭着飞机去国外找。但**不管你多么努力、多么用心地找，似乎都找不到自己想要寻找的东西**。

意义

要是**梦到自己在找什么东西，通常就是希望自己在日常生活中能获得某种成就感**。而不知道自己正在找什么，反映出你在日常生活中也不知道什么事情可以让你更有满足感。如果梦见在家里寻找，表示你想搜索自我性格中那些隐藏的面向，让自己更为完整。尽管你明白自己有些潜能闭锁于内在，但你还不知道该怎么把它们发挥出来。你所打开的每一道门，开启的每一个橱柜，都希望能从中发现自己的某一个部分。

如果是在屋外的花园或街道上寻找，那么你想要的是更大的成就和满足，希望获得自己社交圈的认可和赏识。在办公室或工厂寻找，表示你想在事业上获取更大的成就。如果是开车在路上找，或是在车站、机场，那么你要寻找的是职业生涯上更大的满足感。在这些状况之中，你真正要寻找的是你生活的真正目标。对此，**与其在外搜寻，不如从自己的内在层面探索**。探索自己的基本需求和动机，一定可以帮你发现自己想要追求的目标。

行动

这个梦的信息是：**你想找到生命中让你感觉最快乐、最满足的事情**。但是你还不知道什么事物能让你感到最满足，因此你大概只是希望能在偶然的机会中发现答案。这个答案不需要你四处奔波、不停寻找，其实你若平静自省，则比较容易找到它，因为这个**答案已经在你内心之中**。你可以问问自己，此生最想要的是什么，然后静静地等待答案出现。

背景

人类最善于利用时机，而我们之所以能在地球上成功生存的原因之一就是人类乐于探索未知领域，搜寻宝贵资源。尽管现代人的需求远比狩猎和采集生活要复杂许多，但我们一直在找的都是可以让我们展现自我价值、发挥自我才能的珍贵事物。我们在幼儿时期最早玩的几种游戏里，就包含寻找，例如躲猫猫和捉迷藏，我们故意把自己藏起来，然后跟玩伴一起享受寻找彼此的乐趣。

12 爬山

梦境

你梦到自己要去某个重要的地方，因此必须爬上陡峭的山坡才能到达目的地。攀爬途中，你发现坡度越来越陡，过程越来越艰辛。那条路越来越窄、险峻，最后你可能**发现自己正费力地想要爬上危险的悬崖**。当你攀着崇峻巨岩，努力想爬上去的时候，却发现崖面松动甚至开始崩落。或者你也可能梦到自己正在爬楼梯，但那道楼梯不断变得更陡峭。

意义

梦见爬山或爬坡，表示你在日常生活中正努力做某些事情，试图取得特定程度的成就。爬坡当然费力，你想更上一层楼当然也要付出更多精力。在梦里，路途的坡度常常会变得更陡，这是因为**你过去可能低估达到目标所需要的努力和资源**。坡度增加，也表示在你迈向目标的路途上，你必须面对学习曲线上升的状况。你脚下的路变得更崎岖，是指你**在日常生活中想要找到着力点，维持前进动力**，也许它会变得越来越具挑战性。如果你前进的方向脱离常轨而进入未知领域，那么梦中反映出来的，就是路径越来越窄，甚至消失不见。

当你面对严酷现实，必须非常努力才能取得进展时，你在梦中通常就会碰到峭壁险阻。你在山壁崖面攀爬，表示你想要紧紧掌握状况，但又害怕事情可能失控。你发现自己周围的岩石松动摇晃，表示你觉得过去某些坚定信念似乎**摇摇欲坠**，让你感到非常不安。梦到爬楼梯，表示你正在思考某种特定的职业发展路径，希望其稳定发展并让自己有所进步。梦到螺旋式楼梯，即使的确是往上攀爬，感觉却只是在兜圈圈而已。

行动

这个梦要表达的信息是：你可能需要采取一种更为稳定而有序的慎重步伐来达成愿望，而不是短期全力冲刺，一蹴而就。你不该急着去做眼前的任务，而是要**放慢步伐，调整节奏进行长期“抗战”**，不管面对的挑战难度有多大都能脚踏实地去应对。也许你必须**一次只跨出一步**，如果自己觉得不安全，也不要害怕寻求外界的帮助，让别人引导你走到更高也更安全的地方。

背景

我们常常用跟“高度”有关的词汇来形容成功，例如我们常说“更高成就”“崇高志向”。当我们此生第一次爬坡时，就会明白爬坡比在平地行走更费力，所以我们才有“努力向上”“强渡关山”这些说法。我们在描述更高成就时，也会使用“升级”“达到更高水平”等说法。当你获得更大的成就之后，往往也能更好地提升自我，开阔视野。

13 意外坠入爱河

梦境

你很惊奇地发现自己置身于某个不寻常的爱恋关系之中，或意外地坠入爱河。这场恋情让你感到非常讶异，因为**对方通常是你过去觉得不太吸引你的人**。可能是一起工作的同事，或者是你并不偏爱的某个友人。而你更感好奇的是，也许你发现自己竟然爱上某种没有生命的物品。每当你看到那样东西或对象，你的心就扑通、扑通跳得很厉害，或许还伴随着一些罪恶感。

意义

当你梦到意外地坠入爱河时，通常表示**你开始发现自身个性上有某些非常珍贵的部分**。但是这种梦完全出乎意料，因此你可能会感到有些不安，尤其是对那个你所选择的爱恋对象。尽管你通常不应该被那个对象所吸引，不过他可能具有某种让你非常向往的人格特质，但这种欣赏一般也不会达到爱恋的程度。但你现在开始意识到自己有展现这种特质的潜力，对于这个可能性你感到非常兴奋。这种人格特质对你具有**吸引力**，但看起来不符合你的个性，你很困惑为何会被这个特质所吸引。

如果你的感情对象带有展示志向或雄心的特质，这是代表你渐渐明白自己拥有做出某些选择的权利，对于自己想在生活中真正达成的目标有更为清晰的想法。如果发现自己爱上性别偏好之外的对象，表示你对自己的女性或男性特质感到更满意。爱上某个对象，表示你正把与这个东西有关的特质带到实际生活中。所有的这些状况可能都反映出，其实**你爱上的正是自己设定的目标，还有你达成目标的潜力**。爱上自己特质的梦无关虚荣或自恋，而是表示你对于自己的能力和魅力越来越认同。

行动

这个梦的信息是：你出乎预料地了解自己的潜能，对自己更有信心。但是这种对于自己的新认识，一开始的时候可能让你相当困惑，甚至对你日常生活的例行事务产生干扰。这些困扰说不定会让你不愿意再继续探索自我潜能，但其实这个信息非常重要。你过去或许没想到，但是**以开放的心胸接纳更多的可能性，对你发挥个人才智很重要**，你将因此开始吸引你生活中所需要的人和事物。

背景

正如做梦一样，我们通常以为爱情降临在我们身上，而不是我们自己创造出来的。真爱显得那么珍重可贵，我们在文化载体上可以看到这种意外到来的浪漫情事，包括书籍、电影、戏剧、诗歌和歌曲，让你以为所有人类故事都是爱情故事似的。这种对于真爱的不断追寻，反映出我们作为**社会化动物的基本需求之一，就是爱与被爱**。“坠入爱河”的说法，代表我们越是能够放松自我，越是不拘束自己，就越能接受自己，认可自己的独特天赋。

14 被鬼魅阴魂缠住

梦境

你眼角瞥见一个模糊人影，虽说似曾相识，你却又无法清楚地辨识出来。当你想看得更清楚时，才发现原来它们有点透明，这时你吓坏了，才发现原来是鬼魂。你想要逃离它们，但那些东西似乎**如影随形地跟着你，不管你做什么都无法摆脱**。不管你看向何处，它们似乎无所不在，当你听到什么响声或看到一些奇怪的影像，你就知道一定又是它们。

意义

你梦到被鬼缠上，表示你在日常生活中有某些过去的事是你想遗忘的。虽然那个**鬼魂并不是代表你**，但它反映出你的某些面向，那是你认为早已消逝或埋藏的事物。它可能是过去的某个习惯或记忆，如今又以某种方式重新出现。你在现实生活中可能想要忽视它，因为你觉得实在没道理又看到这些事物，因此你梦见的鬼魂捉摸不定，而且是透明的。但是，不管你怎么躲闪，那个鬼魂却一直出现在身边，因为它**其实就是你和你生活的一部分**。

这些习惯或记忆通常会以某种特定的行为模式出现在你的日常生活里，而你越想忽视这些流连徘徊的熟悉行为，那些鬼魂就越吸引你的注意。这些行为常常会让你感到失望或有挫折感，因此它们耗费了你大量的时间和精力。然而，只要你勇于面对这些习惯模式，开始解决这些问题，就能释放出许多创造力。这些创造力可以帮助你把新想法灌注到生活之中，或者让你过去久被忽视的天赋才能苏醒过来。这个天赋就是你的内在特质，不论你多么想要刻意忽视，它永远是你的一部分。

行动

这个梦是要唤起你的注意：注意那些被你否认或抛弃的过去经验。然而这个经验其实对你目前的生活还是产生了影响，你必须愿意去面对才能摆平它。这个过去的经验已经锁住你个性上某些珍贵的潜能，现在已经到了该正视它的时候，不该永远将之视为禁忌。**你不能再被过去所控制，而是该拿回自己的天赋才能**，让它再次属于你。

背景

人类的祖先探索死亡的奥秘时，对于某些难以理解又不可捉摸的神秘现象，使用鬼魂来作为一种解释方式。幽魂鬼魅被视为是死者的亡灵，象征我们非物质的部分。尽管在当代文化中，我们习惯于用理性解释那些神秘现象，但人类仍然会受到鬼魂与神灵世界的奥秘的吸引。有许多人使用最新科技，努力想证明鬼魂的存在，很多受到欢迎的故事中也都有鬼魂幽灵的角色或鬼屋。

15 旧爱归来

梦境

你惊讶地发现自己正在跟旧情人做爱。你不明白这一切是怎么发生的，只感觉到既内疚，又很兴奋。你在梦里试着跟情人进行理性讨论，却又**抗拒不了热情兴奋的诱惑，而跟他们一次又一次地贪欢**。不管你多么努力想离开他们的怀抱，却又非常依恋这份亲昵感觉。最后你虽然离开了，但那份得不到满足的爱恋遗憾却久久不散。

意义

你梦到跟旧情人做爱，表示你在日常生活中察觉到某些对你拥有强烈影响的特质。这个梦不代表你想要重温旧爱，而是把旧爱作为一种象征，代表你开始察觉**内在的某些特质**。跟那个人做爱，表示你对于自身的这些特质已经有相当深入的了解。如果你在梦中觉得旧爱不可信赖或不真实，表示你不敢面对真相，而令自己感到失望。如果旧爱显得热情大方，表示你也发现自己的热情大方正受到鼓舞，而想把它们表现出来。

如果旧爱在梦中一再出现，是在警告你**不要将过去的关系模式套用在现在的爱恋对象上**，鼓励你**趁早舍弃那些对你毫无帮助的行为模式**。你可能习惯于旧爱，才会一再在当前的新关系里上演旧模式。当你在日常生活中开始进行一些创意新想法或计划时，也可能梦到性事。跟生孩子有关的梦，代表你拥有一些创造新颖或独特事物的灵感，你想实践这些想法。不管你多么想要忽略这些想法，你的梦都在敦促自己拥抱这个令你振奋的前景。

行动

这个梦是要唤醒你更高层次的自我意识。你对自己越了解，就越**明白自己想要什么**，特别是你处在亲密关系的时候。这个梦会揭示你的基本身份和需求，你也将因此更加了解爱恋关系中性与爱的深刻真相。当你知道自己因何受到吸引时，才能在意识层面上做出决定，**知道如何追求你梦寐以求的爱恋对象**。

背景

虽然我们通常会以为，亲密关系是我们跟另一个人的对应往来，其实在这个关系所揭示的事实中，有一个主要部分是自我认知的成长。我们越是向对方展现自我，暴露自己的弱点，我们就更明白自己应该勇于回归自我。发展新关系和新恋情，通常就是自我认知最为强烈的时刻，因此当我们对自己有新的发现时，不管你是否置身于亲密关系之中，都会让你把那种深刻而激昂的感觉与爱恋关系所引发的结果画上等号。

16 飞机失事

梦境

一架很大的喷气客机从天上直落而下，你觉得它一定是要坠毁了，真可怕！但这架飞机就在快要撞击地面时，拉平了机身，贴着地面直飞，只是剐擦到一些房子或树木而已。或者，它也可能真的坠毁在地面，机身碎裂成好几块，但你却惊讶地看到乘客从残骸堆里走出来，并未受伤。**在梦中的你可能是在地面看到这一切，也可能是在梦中的那架飞机上**。如果你是在飞机上，你可能也试着去操控飞机，引导它安全着陆。

意义

你梦见飞机失事，代表你正在担心真实生活中你参与的某项计划或项目。**“天空”象征着你的思维空间，而那架飞机代表你希望引导这个计划或项目走向成功**。梦中的飞机越大，表示那项计划的规模也越大，因此如果是梦见客机的话，代表你的计划可能关系到许多人。虽然这项计划规划完好，理论上也完全没有问题，但你的信心正急速减弱，担心它会不会“砰”的一声就坠毁了。这项计划的最后结果可能不尽人意，不过如果降低到某个程度的话，倒是可以继续下去。

飞机剐擦到树木和房子，表示实行计划的人发现起飞有困难，而且前方道路上有各种障碍需要处理。如果飞机真的撞击地面而且碎裂，通常表示那项计划大概要宣告结束了，也许它会被拆成几个比较容易管理的小方案。乘客毫发无伤地从飞机残骸里走出来，代表原先从事该项计划的人现在可以自由投入其他机会了。如果你自己也坐在那架飞机上，**代表你个人也是积极参与该项计划的一分子**，而不只是旁观者而已。梦中操控飞机，表示你有能力引导它走向成功。

行动

这个梦所传达的信息是：**你要考虑跟自己有关的计划或方案的来龙去脉**。尽管对于计划案来说，人们大都是担心它无法顺利开始，不过任何飞行员都会告诉你，起飞其实是比较容易的事情。反而是要安全降落，确保机上每一个人都安全无虞地下飞机，那才是困难的部分。对于计划案，你不该胡思乱想，而应该要尽可能详细地进行规划。准备好应急措施是十分重要的，万一发生不可预见的状况，就可以派上用场。

背景

虽然飞机在人类历史上仅是近代的发明，但我们的老祖宗早就梦想着拍动翅膀，翱翔蓝天之上。这些梦后来也演变成神话，例如代达罗斯和伊卡洛斯穿上人造翅膀，飞翔在空中。在许多神话故事里，人造翅膀最后失败而坠毁地面，反映出幻想终归需要面对残酷的现实。如今，我们已经把空中旅行视为平常，一些飞行用语也融入日常生活之中，例如我们会说某项计划“可以起飞”或者“正在等待起飞”。

17 孩子发生危险

梦境

你震惊地察觉自己的孩子身陷危境，而且你觉得这个状况就是你造成的。你的孩子可能正面临着危险，或即将卷入一桩可怕的事件之中。你可能忘了自己把他们留在何处，因此正**拼命地四处寻找，希望能在危险发生之前找到**。虽然你认为他们之前是在一个安全的地方，但你相信现在他们正面临着致命危险。你不敢相信自己怎么会这么愚蠢，竟然让他们离开你身边。

意义

当你梦到小孩的时候，通常表示你正在思考某些状况或你自己的工作，而这些都是你在实际生活中非常关切的事情。我们很可能以为这种梦是一种预感，警告孩子可能会发生危险。其实在梦中，**孩子只是个象征，代表一个你非常珍惜的宝贵想法，你希望利用某种方式来付诸行动**。如果梦中有好几个小孩，代表你目前所密切关注的事，你拥有许多机会来推展它。虽然对于这些机会，你可能会给予很多的关注并鼓励自己好好把握，但你也觉得它们的存续正让你面临一些危险。

因为你认为自己没有投入执行计划所需要的时间和精力，因此你觉得自己的**愿望可能无法实现**。你担心自己的计划案可能有提早结束的危险，或者因为没人知道它对你有多么重要而突然被取消。虽然你拼命地想振作起来，努力去实现自己的野心，却发现自己力不从心，你的计划案已经陷于危局。不过，你知道自己的计划正遭受威胁，你还是可以竭尽所能让它们渡过难关。

行动

这个梦正积极唤起你：注意某个一直遭到忽视，却是非常宝贵的个人禀赋。你也许希望你的想法能够在不必投入太多精力的情况下，也可以顺利付诸实践，但事实上它需要你更多的照顾和关心，**你目前在这方面的投入可说是远远不够**。在这个计划案可以独立运作之前，给予足够的重视和支持是必要的，此时此刻缺少你的全力支持，它很可能就“活”不下去。这个珍贵禀赋通常也是你内在童心的体现，反映出你拥有潜力创造一些新颖且令人振奋的事物。

背景

寻找脱离保护而脆弱的孩子，这是一种体现我们个人经验中的最为情绪化的状况。**抢救孩子是一种当下的本能**，尽管会让自己涉入危险也往往不计代价。孩子的哭声警讯会穿透任何噪音干扰，我们会把他们的安全和福祉置于第一优先，尤其是面对自己的小孩时。不过如果我们的孩子很快乐且安全，就很容易被我们的当下意识所忽略，让他们自己去游玩和探索这个世界。

18 公开表演

梦境

你获得一个机会在大众面前现场表演，可是似乎状况连连，没一样顺心如意的。音响设备好像出了问题，你拔下插头又重新插上，用自己的耳朵一再进行试音。等你开始表演的时候，可能发现自己忘词了，或者说话、唱歌结结巴巴，前言不搭后语。观众开始变得焦躁不安，你觉得好沮丧，**你知道你原本可以表演得非常完美，可是所有的事情似乎联合起来跟你唱反调**。

意义

梦到公开表演，反映出你想**让更多人知道和肯定你的能力**，可能是你的创作天分，也可能是你工作中运用的专业技能。虽然你无疑具有这些才艺或技能，却发现很难获得其他人的认可。你可能认为是因为周遭条件太差，才造成没人知道你的才华，不过这主要是因为你在日常生活中发现很难获得他人的赞赏。虽然你可能急着想得到大家的承认和接纳，但这个情况又似乎使你显得孤芳自赏或对他人的意见没兴趣。

你的淡漠态度可能导致自己和朋友、同事疏离，你可能常常会想利用一些技巧或工具，来弥补你的过失，而在进行的过程中，你只想躲在那些技术的后头。**你跟外界欠缺联系，也可能导致自己脱离真实感受，失去吐露真言的能力**。你可能无法从心底说出自己真正想说的话，而只想透过一种遥远的方式发言。这也可能会让你忘了真正的自我，搞不清楚自己真正要说什么、想做什么。其实，**最重要的观众就是你自己**，会做这个梦表示你对自己欠缺认同，感到沮丧和不安。

行动

这个梦的含义是关于你能否接受自己展现出来的才能。你很想获得别人的接纳和认可，但你若是很难承认或接受自己的禀赋，那么要去争取他人认同就非常不容易。**你越是给予他人赞赏，也就越可能接受和欣赏自己的才能**。你如果更加自信，也更加慷慨地给予他人赞美，你就可以更放松地展现自己的独特能力。

背景

我们从小就被鼓励进行各种表演，不管是在家庭聚会中，还是学校话剧团。而表演的成功及他人认可，通常是因为我们可以在正确的时间说出正确的话语，或者表现出合宜的行动。我们最喜爱的节目，很多都是公开才艺表演的评判比赛，我们花很多时间观看别人如何争取认可，相较之下却很少关注自我，接纳自我。只要我们能够认可自己的才能，我们就更容易自动自发地表现出来，让他人认识我们，欣赏我们的才华。

19 海啸

梦境

你站在海边、沙滩或海岸线的边上，看到一道巨大的水墙冲过来。你也许有时间可以逃向安全的地方，不过因为海啸冲击如此猛烈迅速，你大概逃脱不了。当海浪吞没你以后，你发现自己在海水里滚动、翻转，完全迷失了方向。不过后来你可以自由地游动，最后游回岸边或沙滩，你气喘吁吁地看着那道浪潮消逝在远方。或者，那道水墙大浪并未碎裂开来，而是在海岸附近，久久盘旋不去。

意义

梦到水反映的是你的情绪和情感，以及你如何应对它们。正如你的感受一样，水往往是变动不居、难以捉摸的液体，而那阵海啸大浪代表着你在日常生活中碰到明显让你承受不住的汹涌情感。地震常常引发海啸，而这一波巨大的情感浪涛可能也是某段关系剧烈变化所引起的。这个明显而重大的改变，影响到你生活的各方面，甚至让你有惨遭灭顶的危险。通常你最初的反应是努力让自己浮出情感的水面，希望自己站在更高的道德立场，可以不偏不倚地察看状况。

然而在一波又一波似乎难以控制的情绪袭击下，你很可能遭到吞噬，让你完全分不清方向，心情低落而头晕目眩。虽然你觉得这些状况真的会把你拖下去，但最后你还是得想办法找到自己的路，**穿越这些混乱情绪而重获平静**。尽管你可能觉得这一切让你精疲力竭而垂头丧气，但你也明白这种情感骚乱就跟波浪一样，总会退却消失到远方。如果你站在岸边，只是看到波涛在靠近海岸之处盘桓起伏，表示你意识到情绪干扰可能来袭，但你已经可以**采取一种更为客观的立场来看待自己的情**

感，你站稳脚跟等待骚乱过去。

行动

这个梦表示你担心自己被情绪反应吞没，而你对于情绪的变化正努力调适以求安渡难关。状况也许是你无法控制的，因此不要想着去控制它，你也许只能接受。**不要让自己完全沉浸在混乱情绪中，要想办法退后一步**，让自己可以更客观地察看当前情况。虽然你可能想抵抗这种变化，但你心里很清楚，**这是不可避免的**。

背景

我们形容情绪的用语，很多都跟水有关，比方说“热情高涨或消退”“流露悲伤”。水自有它的波动和流向，我们的情绪也一样。而经过自身的体验，我们也明白**情感就跟水一样，拥有惊人的力量**，对于我们生活的各方面都能产生深刻而广泛的影响。我们对于自身情绪与波动越是了解，就越是明白不该压抑、限制自己的情绪，只能想办法加以引导和疏通。

20 遇见已去世的挚爱

梦境

你遇到跟你亲密的人，既惊讶又很高兴，因为你知道他们其实早已不在人世了。但是**现在他们出现在这里，而且跟活着的时候一样跟你说话**。这个人过去跟你一向关系亲密，通常可能是非常亲近的亲人，例如父母或祖父母。他们可能想要传递某个信息给你，或者他们虽然很高兴见到你，有时候也会真的对你很生气。

意义

梦见死去的亲人或亲密的人，表示你在真实生活中正经历个人意识的转变。尽管他们实际上已经离开人世，你在梦里运用自己的记忆和你体验到的他们的个人特质，**重新塑造**出这个人。你会遇到他们，代表你逐渐意识到那些特质也开始出现在你的行为模式里。如果你的父亲在生前以一种极具智慧且威严的方式来爱护你，那么你梦到他就表示你也开始接纳自己拥有的才智和权威感。如果是梦见对你一向呵护备至、慈悲怜爱的祖母，那就表示你正在提升对人付诸爱心和关怀的能力。

如果那位亲密的逝者想要给你一个信息，通常表示**你在真实生活中正想传达某件事情让自己知道**。这个信息的本质显示，你想告诉自己的，通常是发现了某些个人资源或才能，是你过去一直不知道自己拥有的。虽然你跟这个人的关系一向非常亲密要好，你可能在梦中很吃惊地发现他们对你很生气或恼怒。不过，这不是他们在生你的气，而是你在和他们生气，你觉得他们抛下了你，离开人世。

行动

这个梦是要你跟自己的某些部分**重新联结**，你过去以为那些部分已经永远消失了。虽然感觉像是亲密的逝者真的来到梦中与你会面，但实际上是你跟某些对你很重要的事物重新聚在一起。那些**亲密的人送给你的礼物，就是你经常忽略的自我特质**。你不该只是消极地悲叹他们的逝去，亲密逝者为你揭示某些特质，现在该是接纳和表现出来的时候了。

背景

痛失挚爱，是每个人都必须忍受的最惨痛的事。我们最亲爱的人似乎是我们的一部分，他们的离世好像也让我们的某些部分永远丧失。尽管他们已经不在，现实中也不可能跟我们在一起，但他们还是可以透过一些特质来跟我们相连，在过去正是这些特质让我们和他们的关系如此特殊而紧密。虽然失去挚爱令人心痛而悲伤，但我们一样可以**向他们寻求深刻的爱与启发**。

21 外遇

梦境

你几乎可以肯定，自己的伴侣有外遇了。他们回家的时间变得更晚，回来后也显得心不在焉，似乎对你已经完全没兴趣。你疯狂地寻找线索，也找不到任何绝对证据，证明他对你不忠。不过等你发现他们的合照，或者走进某个房间后，赫然发现他们正热情拥抱，你的怀疑终于得到证实。虽然这个发现让你心情坏透了，但你又感到一丝满足，因为你的恐惧获得了证实。你非常愤怒，又觉得爱人让你失望透顶。

意义

通常是在真实生活中对自己的性魅力和吸引力没信心，才会梦见伴侣不忠。尽管这个梦很容易让人联想到，可能是伴侣跟某个有魅力的人士出轨，但它其实是反映你对自己的某些基本需求的照顾不足，才会让你**觉得自己不像以往那么有魅力**。这在日常生活中常常会发生，某些令人有挫折感或沮丧的场面往往让人丧失自信。然而，挫折和丧失自信往往出自**你不再相信自己的判断**，非得寻找他人的认可和赞赏不可。

那种想要获得他人认可的需求，可能会让你舍弃最贴近内心的真正企图，虽然你会说服自己那样做才符合自身利益，但你的潜意识还是会对自己感到失望。这可能会让你对自己感到厌烦，结果是你在现实生活中不能表达出自己的真正感受，反而把心底难以抚平的不安投射到自己的伴侣身上。你不想让现在的伴侣分担你的烦恼，反而渴望其他人也可以感受到你的魅力，**结果最后有外遇出轨的人可能正是你**。事实上，你在现实生活中越能保持自信，你就越有信心迈向自己的新未来，成为你自己理想中的那个人。

行动

这个梦是要让你知道：**你正以某种方式背叛自己**。你对自己的能力变得没信心，而且可能需要依赖他人的认可，才能让你觉得自己特殊和被需要。你不能把自己的吸引力寄托在别人的认同上，更不能指望别人来给予你自信心，这个梦就是在鼓励**你做自己就好**。我们总是希望别人为自己负责或鼓励自己，但现在该是你为自己找回自信的时候了。

背景

当我们处于亲密关系之中，很容易将自己的价值和尊严投射于亲密伴侣身上。特别是在开始一段新关系时，我们常常把新伴侣视为反映自己最深层欲望的奖赏，而不会把他们当作永恒的支柱。我们最后可能以为伴侣必须为我们的快乐和满足承担一些责任，于是当我们对自己不满的时候，与其重新树立对自身能力的信心，不如直接去谴责伴侣来得容易！

22 打包不完的行李

梦境

你正为了某趟重要旅程整理行囊，心想必须赶紧动身才行。可是你要**打包的行李一件接着一件**，你的旅行需要这些东西，但你担心根本带不走。就算你认为所有的东西都打包进去了，还是会发现有些什么东西遗漏了，必须再塞到别件行李里才行。尽管你想准时动身，展开旅程，却发现自己可能永远打包不完。

意义

梦到无休无止地打包行李，你是在思考如何组织自己的日常生活，好把许多事物纳入掌控之中。虽然你总是在生活中尽可能多做各种事情，但你发现时间永远都不够，永远有更多的事等你去做。**那些行李就代表你追求成就的潜能和资源，你希望借此开展所有的计划和实现自己的野心**。那种想要赶快动身的感觉，表示你希望在某个特定期限之前开始进行某些计划。但不管你多么想把这一切准备就绪，你总是觉得好像还有什么东西没有搞定。

尽管你忙着做这做那，**你却发现所做的事情似乎毫无进展而感到沮丧不已**。你在现实生活中忙着为自己准备这个、准备那个，但你却不能真正下定决心采取一些必要的行动，真正为了达成自己的目标而跨进那未知的领域。你打包放进行李的那些东西，代表你过去的经验和习惯，虽然这些经验和资源可能真的会有一些用处，但在你想为任何突发状况提早做准备时，你有可能无能为力。而那些预期和设想最后却让你感到疲累颓丧。

行动

这个梦要告诉你的是：你该抛弃那些旧行囊，才能把握新机会。我们常常多方设想，以为必须做好所有的准备才不会错失机会。其实想要获得成功最好的办法，就是**少花点时间做准备，多花时间在朝向目标前进的实际工作中**。你花越多时间做准备，在掌控新状况的结果时，就越可能陷于过去的行为模式中。

背景

自从人类开始使用工具，过着游牧狩猎和采集的生活，就会利用袋子来保存和运输财产。在刚开始的时候，我们只会使用一些小袋子，用来装些珍贵资源，例如一些打火石、药草之类的，**以备不时之需**。然而等到大家的生活变得越来越富足而复杂之后，过多行囊反而带来“滞怠阻碍”（encumber），这个字源自古老的法语combre，原义就是“障碍”“堤坝”。过多的设想会拖累自己的脚步，让你难以自由自在地向前走。

23 犯罪

梦境

因为某种原因，你犯下可怕罪行并急着想掩盖。也许是非常严重的罪行，例如杀了人，急着要处理尸体。无论你多么拼命隐藏证据，总有蛛丝马迹显露出来，例如伸出一只僵直的脚或手，或者手机里留下一则简讯，你怎么删都删不掉。**你想赶快逃走，很害怕有人会发现你的罪行**。这桩罪行通常是出于意外事故，或者是你为了保护自己而不得不为之。

意义

你梦见自己犯了罪，是表示日常生活中有某些事情让你对自己失望，而且觉得自己应该负起这个责任。虽然你一向遵循正道而行，身体力行地坚守某些原则，但现在你认为你背叛了自己的道德标准。**梦见杀了人要处理尸体，通常代表你想抹除自己个性上的某些部分**。这通常是在目前状况下，你觉得被迫舍弃的某种独特天赋或创造性的技能。就算你想要继续保有它们，但为了让其他人感到高兴，你还是忍痛牺牲。

尽管你在实际生活中很想掩饰自己的独特才华，它却不时会突然冒出来，让你不得不关注它。梦见自己偷了什么贵重物品，代表你对自己不够看重；不告而取谓之偷，就好比你不允许自己摆脱更深更重的责任，自由自在地享受自己的人生。梦到自己想要脱逃，表示你想摆脱那些局限自我的想法，让自己在生活中得以忠实地**表现真正的自我**。梦中的罪行似乎往往出于意外或是寻求自保，这是因为你想确保他人能够接纳你。

行动

这个梦境所显示的证据是：你为了满足他人的愿望、寻求他们的认可，而准备牺牲一些你最深切的需要。但是这种任他人来评断你的做法，很可能会让你失去表达自我的自由。为了他人的爱护和接纳而拼命配合别人，到最后往往是背叛了自己的基本需求。**你要让自己表现得更加自然，才能从他人的要求里解脱出来**，才有余裕去发挥自己真正的才能。

背景

在我们学会说话之前，父母亲最先教导我们的事情之一，就是**辨别是非对错**。当我们进入学校之后，这个教导还会继续加强，我们开始体验到一些好和坏的特定行为准则。在某些时候，我们都可能违反准则，因为一些轻微过错而内疚。我们遵守团体的准则和规范，才会被他们所接纳。虽然你很愿意对团体忠诚，遵守它的律法，但这可能让你不得不做些违背个人意愿之事。

24 赶火车

梦境

你急着去火车站，因为你一定要赶上特定班次。你到了车站之后开始感到焦虑，因为你不知道要去哪个站台，也忘了车票放在哪儿。等你好不容易到了火车站台，却只能目送火车消失在远方。就算上了火车之后，你又开始担心是否搭错车，担心不知道该在哪里下车。

意义

梦见赶火车，代表你在日常生活中正思考是否追求某个特定的职业。火车依照预定的时程跑固定的路线，因此通常象征着某种大型组织里的特定职业道路。不同的火车代表不同的职业机会，而不同的火车站则是指开展这些机会的不同方法。你心里希望如果你选定路线，走一段时间之后，可以到达你期望的某种专业目标。想要找到正确的上车地点，代表你还在为你的专业目标寻找正确的站台。**那张车票就是你选择这条职业道路的机会，你当然很担心它掉了**。

梦见到站台却看见火车走远了，是担心自己可能错失某个特定的机会。上了火车却发现它不会停车，是表示你想换另一种职业，却又因为过去的决心而**迟疑不定**。尽管目前一切都在正轨上，进行得相当稳定顺利，但你可能因为自己受到限制，无法摆脱僵化路线而感到沮丧。不过火车总会靠站的，那就是**你转换职业生涯的时机**。

行动

这个梦是关于**你的人生要何去何从**，还有你要怎么让你追寻的目标能够步上轨道。要成功地开展自己选定的职业生涯，你必须下定决心在某个特定的时间内，往那个特定方向前进才行。要下定决心可不容易，但如果不选定一项目标而努力去走，又可能会错失前进的良机。虽然你可能会觉得有点被当前的路线困住了，但有时候最好的做法就是在到达自己的目的地之前，**先耐心坐好**，不要随便冒险转换职业。

背景

有许多人搭乘火车上下班，它在提供确实而稳定前进路线的同时，也让我们知道它绝不可能任意变换路线。正如我们朝着选定的路线前进，沿途经过一站又一站，这就是工作或某件事情有进展的指标。所以当我们说到某人抱着不切实际的期望而做错决定，会说他“下错站”，或者看到某事脱离预定路线或方向时，会说它“脱轨”或“还没上轨道”。

25 重返学校

梦境

虽然你早就长大成人了，却发现自己因为某些原因又回到以前的学校。通常是梦见在校的最后一年需要补考，怀疑自己为什么还要回去上那些课。可是**你不想再上课了**，而是迫不及待地想要离开学校，赶快进入社会发挥所学。也许你回到学校想去上一堂重要的课程，但是你走到教室的途中却不断迷路。或者你常常发现以前的老师正不厌其烦地提醒你，要你特别注意某个特定议题。

意义

当你梦见回到中学或大学，表示你在日常生活中发现一个可以学到某个珍贵教训的机会。虽然学校通常是提供学术教育的机构，但它也代表着你在成长时期所获得的各种信息。你进入学校时通常只是个孩子，而毕业离校时往往是个成人，所以它也常常**代表你的成长、独立和处世能力**，特别是跟那些权威人士的相处。你梦见自己回到在校的最后一年，表示你在日常生活中正在学习以成人的态度解决某个特殊状况。你觉得自己迫不及待想要赶快离开学校，表示你急切地想要发展自我。

那些你想去上的课程，通常就代表着你在现实生活中学习教训的本质。历史课是敦促你抛却过去，走向未来；地理课要你拓宽视野，探索陌生领域；语文课是要你用不同的方式，更流畅地表达自我；数学课表示你要解决某个问题时，必须更理性地计算规划；科学课程代表你要根据确切的证据和基础来采取行动；而艺术课程表示你要发挥更多创意和自我主张。**教师象征着你需要听从那个古老而明智的自我的召唤**。

行动

这个梦要教导你的是：就算你已经从正规教育学校毕业了，也**不要停止学习**。对于周遭世界越了解，你才能更加了解自己。它要你**更加开放自我意识**，对于自己在日常生活中的潜能要有更基本的了解。跳过这些经验，忽略其中的教训当然也可以，但是这通常会让你陷入那些局限自我的想法中动弹不得。不管你在梦中准备研习什么科目，学习成果带来的最重要的影响往往是加深自我认知。

背景

我们在学校的时光，正是我们开始理解家庭之外的大世界的时候。我们脱离父母的管控，学会在指定时间内完成特定任务，独立地跟他人发展关系。我们在学校的经验往往也会在工作生涯中重现，我们在职业生涯中学会的教训常常会跟学生时代相呼应。尽管我们可能不会再参加什么正式的考试，我们还是会去检视自己的绩效，判断自己的成功达到了什么程度。

26 遇见名人

梦境

你最欣赏的名人向你走过来，就像熟识多年的朋友一样跟你聊天，你真是既惊讶又高兴！你想告诉他，自己正是他的超级粉丝，非常敬仰他。你的偶像跟你在一起时，似乎真的很放松而且很高兴有你的陪伴，因此你也试着以平常心跟他们交谈。虽然刚开始时，你觉得很紧张又有种敬畏感，但很快你也发现自己感到轻松自在，过了不久你们就开始计划双方的共同合作和更多的聚会。

意义

梦到与名人聚会，代表你正在思考**你个性上某些独特面向**，那是你一向最尊重也最佩服的特质。名人象征着独特的创新才能和优异表现，也代表做决策时具备丰富的资源，有更多的选择权。你所遇到的名人就是你个性上的那些面向，表示你在日常生活中正逐渐意识到那些特质。**那些你最敬佩的名人的特点，也正是你开始从自己身上意识到的特质**。你开始意识到自己的创意才能，或许这会让你感到惊讶，不过这些能力往往在你不自觉的情况下，以某种特定方式逐渐增强。

虽然你想知道自己的能力提高了多少，但要让别人也承认和欣赏你的才华可不容易。把它当作是别人的才能，而不是你自己的，或者不让人注意到你拥有那些才华，似乎要容易许多。不过等到你对于自己的独特才能可以更轻松自在地看待后，可以自然地让别人关注你、赞赏你。你能够让更多人肯定和欣赏你的才华，就更能提升自己的能力。如果你跟名人不只是相遇，而且还谈起恋爱或从事跟性有关的活动，表示你已经强烈认知到自己的独特才能或技艺。

行动

这个梦反映出你隐藏的才能，鼓励你**发展个人特有的技能**。我们似乎比较容易认为他人才会拥有才华，但你其实也会有一些独特的技能。尽管许多名人似乎都很成功，但他们也都很努力在展示自己的才华。跟那些名人一样，你也应该展示出自己的才华，而不是刻意隐藏它们。当你能够意识到自己拥有的技艺和能力，就能在你所选择的专业领域中把它展示出来，获得更多的认可和赞赏。

背景

当老祖宗们探索他们与生俱来的力量时，常常创造故事来描述一些超越人类甚至是超越自然的特质。这些早期传说中的勇士和女王被先民尊为男神和女神，后来又进一步演变成各个宗教和文化中的神祇。到了启蒙时代之后，人类对神话的集体意识逐渐消退，取而代之的是理性的科学思考，于是我们开始**利用公众人物来代表过去男、女神所具备的特质**。不过我们不是在寺庙或神殿膜拜他们，而是在大众媒体上赞赏他们超脱凡俗的能力。

27 地震和火山爆发

梦境

当你跟平日一样，正在做一些日常事务时，大地突然开始震动，很快出现裂痕。你急急忙忙跟其他人想要逃到安全地点，沿途看到路塌屋毁。火山熔岩在路上奔流，所到之处一片火海，此时通常还伴随着地震。**你的周遭已经陷于完全混乱中，似乎世界末日已经降临**。你除了眼睁睁看着这一切发生之外，似乎什么事也做不了。

意义

梦到地震或火山爆发，通常表示你可能性情大变，日常生活受到极大影响。在真实生活中，**大地一向是我们所依赖，感觉稳定和受到支撑的“靠山”**。然而一旦发生大震荡，生活中某个稳定领域将发生变化，让人紧张和不安，通常还会影响到其他领域，可能是工作影响了家庭生活，引发很多潜在的摩擦。这些潜藏的紧张就跟地震酝酿一样，到了某个临界点就会爆发，到时周遭一切可能都会出错。

在地震的梦里常常也会梦见火山，这代表隐藏在你心中的**紧张和压力**可能会在愤怒中爆发。虽然你一直在压抑怒气，但你可能发现自己失去理智而抓狂暴走。压抑已久的愤怒和沮丧就像熔岩般冒着热气和泡沫，你似乎完全没有办法制止。任意宣泄怒火和失望于事无补，其实如果能够从正确的方向加以纾解，它也会是**创造能量的绝好来源**。不能再让隐藏心中的怒气毫无控制地累积增压，而是要加以引导，让它成为前进的动能。

行动

在你平静的外表下，有些情绪已经沸腾到冒泡的程度，要从这个梦出发向前走，最好是**找到一些释放挫折感的办法**。疏导情绪最有力的方式，就是把你的所思所感表达出来。有些沉重的紧张和压力可能会让你失控，所以你最好针对一些比较小的问题来建立疏导管道，以谋求真诚的沟通。你不必尖叫咆哮，而是**平静地表达自己的想法，让你的真正情感得以发出声音**，直到你的需求获得满足。

背景

尽管许多人不曾亲身经历地震或火山爆发，但至少在传播媒体中时有所见，在一些描述世界末日的电影里地震或火山爆发也被赋予了神话般的色彩。这些外部地形事件其实**反映着我们内心景况与立场**的变化。许多关于个人变化与挫折感释放的形容词汇，都是根据地表、地貌的重塑改造而来，例如我们常说某事让我们的“世界为之震撼”，某事“令人感到天翻地覆”，或者什么状况“爆发了”。

28 车子不见了，或是坏掉

梦境

你准备赶赴重要约会，却发现自己的车子坏了。你匆匆忙忙地走到停车的地方，却沮丧地发现它无法启动。虽然你一向定期保养，也很小心照顾，可是它就是无法启动。当你下车察看时，发现可能是轮胎被刺破，或者某个重要零件已经损坏或遗失。也许你会发现，整个车子都不见了，可能是失窃被偷了，或者你就是想不起来它停在哪儿。

意义

梦见车子丢掉或坏掉，通常意味着**你在日常生活中莫名其妙地觉得丧失动力和企图心**。那辆在梦中运载你的交通工具，代表着你在真实生活中，达成目标的不同方式。一般的汽车通常是个人交通工具，也就是你在推展事业时的个人动机，同时也代表着你想达成某些个人企图时，你所掌握的力量和控制程度。不过在某些状况下，你可能必须暂时歇步，让自己的企图停留在某个地方，希望自己日后可以再回过头来照顾、推动这个目标。梦里那个需要赶赴的重要约会，就表示重新点燃梦想的重要时机。

梦到车子无法启动，表示你在生活中发现自己对某些事提不起劲，没兴趣。感觉过去曾经有的激情已经不再，或者觉得你没有足够资源让你的斗志重新燃烧起来。也许你还是想要朝着目标前进，但你现在发觉自己疏忽了某些重要东西。梦见轮胎被刺破，代表你觉得**有点失望和丧气**，如果你还想达成预定目标，可能要想点办法为自己打气才成。如果车子好像是被偷了，代表你**不够重视自己**，因此无法全力追求自己的目标。

行动

这个梦是向你提出警示：你在真实生活中似乎已经失去了干劲和奋斗方向。如果你不想办法维持自己的干劲，你会在日常生活中逐渐萎靡不振，到时你会惊讶地发现，当你需要一些动力来追求目标时，却找不到它们。恢复动力最直接的方法，就是**下定决心把自己的精力集中于预定的目标**。你越是能够果断地朝向目标前进，你就越能善用拥有的资源，在真实生活中追逐自己的梦想，让你的事业回到正轨。

背景

个人的交通工具，代表着我们在日常生活中选择目标、独力追求的目标能力。在十九世纪末汽车发明之前，人们通常会梦见马匹失窃或生病。那些靠水生活的人们，他们梦到的也许是**船只沉没或漂走**。过去有许多词汇跟马有关，例如“钳马衔枚”“驾驭雄心”，而现代词汇中也有许多跟汽车有关系，比方说某人要“加油”，某事“换挡加速前进”。

29 挚爱逝世

梦境

你震惊而悲痛地发现自己心爱的某人去世，通常是你的父母亲，或者某位无条件关爱你，而你也十分依赖的人。尽管痛失所爱令你悲痛难忍，你还是设法让大家知道，这个人在世时所表现出来的美妙特质。你怀着难忍悲痛醒来，随即发现挚爱仍然好好地活着，马上松了一口气而感到欣喜。

意义

梦见挚爱离世，通常代表某种生活方式的结束，而新的生活即将展开。这种梦**并非预告亲人或爱人的不幸**。你在梦里梦见的人，通常**象征着你自己的某些个人特质**。如果你挚爱的人在现实生活中总是表现出温和与关爱的情怀，那么你正在思考的就是自己表现相似特质的能力；如果你的挚爱一向表现出负责任且有能力，那么你是在对自己的责任感和能力提出质疑。你梦到挚爱去世，代表你拥有的这些特质正以某种方式产生变化。

这种转变通常是你真实生活中某项重大变化的结果，你必须抛却旧习惯，迎接新的处世接物方式进入你的生活。这种梦的场景也常常出现在靠近坟墓的地方，它是在**鼓励你让过去安息，你才能迈向新的未来**。如果是发生在医院的场景，通常表示你太过依赖挚爱，你在日常生活中必须对自己更负责任，学会自力更生才好。醒后欣喜地知道所爱的人还活着，则是强调你跟他们之间已经形成**一种新的关系**，可以让你们的联系更为紧密。

行动

这个梦是在说：你的某个特定工作阶段已经快要结束了，你即将获得一个进入全新领域的机会。你应该从过去中释放自己，才能够自由地迈向新未来。虽然这个梦境会让人以为是不幸事件的预告，但这种情况很少出现。**你不必担心有谁可能会真的去世，而是该考虑某些正在对你开放的新机会**，你该如何利用这些机会来丰富和开展自己的新生活。

背景

与父母亲分离的焦虑，是我们人生中最先体验到的忧虑之一，因为父母亲通常就是竭心尽力照顾我们，让我们享有舒适和安全生活的人。我们都有过父母亲离开又回来的经验，对于他们是否会一去不返，我们总是非常担心。等到我们变得更加独立时，我们对于父母及挚爱的依赖就会减少。但是当我们面对不能确定的情况时，仍然会希望他们能够再次回来，希望一切都可以恢复正常。**尽管死亡是不可避免的结局，但其中也孕育着新生**。

30 拨错电话号码，或是按错键

梦境

你正在拨打电话，却一直拨错号码。虽然它可能是个非常熟悉的号码，你却总是在最后两三个数字按错键，感到非常丧气。可是**你真的很需要打这通电话，因为你有些事情急着要对某人说**。尽管你很努力想要打这个电话，却总是发现自己拨错号码，打给不认识的人。如果梦到自己传送重要文件拨错号码，或者开启密码系统却一直按错键，也是类似的梦境。

意义

梦到自己拨错号码或按错键，表示你在真实生活中觉得跟某个特定人士难以沟通。虽然你跟这个人可能经常联络，但现在的情况似乎有点混乱，**你无法以惯常方式传递和接收他的讯息**。电话通常就是传递话语和信息的工具，但这个梦所说的是你透过什么行动来进行沟通。你跟此人的沟通有某种习惯方式，你知道要按哪些数字，就能得到响应。

但现在因为某些原因，你狂按数字键，对方却毫无响应，不管你怎么按都联络不到他。尽管你非常努力地把电话打出去，对方表现出来的态度却好像你不认识他似的。这通常表示对方对你本人有别的看法，因此不再响应你的要求。如果你可以更加明白这一点，你就该更深入地检视自己过去是如何跟他人、跟自己进行沟通。梦见密码系统开不了，或重要文件传送不出去，通常表示你正在思考自己在工作场合的行动和作为。

行动

这个梦要传达的信息是：**人际关系的处理跟操作机器是不一样的**。得不到响应，通常是因为你的沟通方式不对，而不是对方有什么问题。你不该一味地只想把自己的信息传递出去，而是应该要**试着倾听对方想说些什么**。你越了解对方的需求，跟他们的连接就越紧密，他们才会关注你。

背景

从我们第一次按下电灯开关，就开始明白特定行动的因果关系。等到我们开始使用电话和计算机，也学会必须依照一定程序才能联络到特定对象。而我们跟其他人的沟通，大多数是透过这种远距离方式，而不是面对面的，因此当我们进行沟通时，往往不是看着对方的表情来判断他们的情绪，而是按着一连串的按键来表达自己的想法和情感。这种情况常常会**导致沟通断线和误解**。

31 吵架冲突

梦境

虽然平常的你是个安静平和的人，你却发现有人在吵架冲突中对你咆哮发怒。你确定是对方挑起战火的，当对方怒声责骂时，你只是想捍卫自己而已。虽然你**不明白是什么原因而吵架，但你觉得自己很受伤**，而且对此非常恼怒。结果这场冲突变得更为激烈，大家的声音越来越大，你相信自己的怒火也即将爆发。

意义

梦到自己卷入吵架冲突，通常表示你在日常生活中遇到挫折，需要面对某些让你感到很讨厌的事物。尽管你平日可能是安静平和的，现在却有些事情让你真的很生气。你平常总是气定神闲，因此在这种时候你更不知道该怎么去表达自己备受困扰的感觉。你确定这场争吵是出于对方挑衅，代表你的挫折感多少是由他人引发的。但这也可能不是故意的，只是他们在无意中的所作所为，揭露了让你感到不满的深层原因。当你发现自己隐藏在心中的挫折感被暴露出来以后，**你感到自己很脆弱，进而想要自我防卫**。

那些身陷不愉快场景但本身没有犯错，以及**不知道如何表达自己需求的人，常常会做这种梦**。如果梦见自己的爱人怒声责骂，那么你在真实生活的某段关系可能出了一些问题，让你觉得自己的某些需求没有得到满足。但是，你又觉得如果要向你的伴侣说出自己想要什么，可能会带来某些不好的后果。梦到老板生气，通常代表你觉得他们忽视你的才华，让你感到非常抓狂。如果是已经过世的人在梦中对你愤怒咆哮，那可不是他们在生气，而是你对他们生气，责怪他们抛下你而离世。

行动

这个**梦是一声呐喊：你在某个情况下感觉非常无奈**。你发现很难说出自己在担心什么，而这种压抑在心底不断积累增压。你怕打扰他人而不敢说出自己真正的感觉，导致自己的心理压力越来越大。你不必诉诸尖叫、咆哮，而是要**冷静地说出自己的想法**，让你的需求获得满足。

背景

对于生活在一个有礼节的文明社会中，我们最先学到的一些教训，即是要学会控制情绪，尤其是像发怒、生气等负面情绪。不过没表现出来的愤怒会在心底累积增压，我们可能会将之投射到外在世界，成为我们跟他人冲突的潜在因素。如果不说出自己心中真正的想法，那个心理压力可能形成慢性的内在冲突，消耗大量的心理能量，使我们感到挫败，变得软弱。

32 找不到回家的路

梦境

你在某趟旅行之中，但真的很想回家，却不知道为什么找不到回家的路。尽管你相信自己记得怎么回去，但周遭一切让你感觉非常混乱。你虽然不停地**尝试不同路线**，结果却离家越来越远，而不是越来越近。即使有人想帮你，也无法指明正确方向。在梦中，你通常只身一人，可能是步行，也可能搭乘某种交通工具。

意义

梦见找不到回家的路，表示你在日常生活中觉得自己无法表达真正的自我。**在梦里，你家就代表那个让你觉得最自在，就像在家时的真正自我**。梦见自己正在旅行，表示你经历了一段让你不开心的时光，如今它快要过去了。在那段时间里，你必须表现出某些适当行为，但那些行为如今让你觉得不自在。你因为不能表现出真正自我而感到郁闷，这种情况在工作场合中常常发生，你觉得自己不能做那些你真正想做的事情。

这种情况也可能在某段人际关系中出现，你觉得自己的贡献没有得到肯定，或者自己的需求没有得到满足。在梦中，你尝试不同路线，代表你试着扮演不同角色来取悦他人，如此一来却让自己更加偏离真正的自我和需求。虽然别人可能建议你应该怎么做才好，但**你自己要走的路应该由你来选择**。梦中的你通常是单独旅行，代表这个梦是关于你的个人身份，以及你应该怎样真实地表达自我。你在梦中使用的交通工具如果是属于个人的，例如步行或骑脚踏车，代表你应该在日常生活中多多关心自己。

行动

这个梦揭示的是：你在日常生活中应该想办法找出真正的自我。我们很容易让自己沉陷于他人的生活和需求之中，但你会因此而忽略了自己的需求和深层的自我。不管你为别人做了多少努力和牺牲，到头来你只会觉得自己没有得到满足，也受到低估和轻视。**你越是能够诚实地对他人表达自己的目的和需求，越能让自己更加自在**。

背景

世界上没有任何地方比得上自己的家，而它在梦中就是个人身份的基本象征，我们在需要放松和休息的时候，都想回到自己的家。家是我们得以回归自我的地方，不必再去配合他人的需求、迎合别人的评断。家乡的概念同时也表现在国家认同上，来自相同地区的人会有一些共同的特征。正如同家乡一样，**家就是你进入世界的出发点**，那里通常代表你的一种寄托，你的身份的起源。

33 被某种权威追逐

梦境

有几个穿着制服，看似官方机构的人一直在追你，而你死命想要摆脱他们。你知道他们就在后头追赶，可是你想不通是为了什么。后头的追兵通常是男性，常是一身黑衣，你根本不认识他们。那些人组织严密，很厉害，而且通常还会携带武器。万一被他们抓到的话，你很怕他们会杀了你。他们不停追逐，不管你躲得多隐秘或逃得多快，他们似乎越来越接近了。

意义

梦见遭受权威机构的追逐，通常代表**你在日常生活中正担心你个人的行动自由和应该担负的义务**。这种梦常常会在年纪比较小的时候出现，在你建立自我身份认同、争取行动自由的时候。当你身处更大团体之中，要在集体要求之下提出个人需求的时候，总是会出现一些紧张，例如跟你的父母亲、师长或其他权威机构或人士。日后在你设法平衡责任与自主自决的需求时，这种紧张关系可能会继续在生活中出现。虽然你可能想逃避自己的承诺，但**拥有强烈责任感的人**常常会做这种梦。

那些在梦里追逐你的人，就是你在设法操控自我需求时，让你觉得受到拘束的责任感和义务。它们其实就是你的一部分，所以你摆脱不掉自己的责任感，再怎么努力也办不到。**男性通常是正式权力的象征**，代表你拥有选择某种方式来行动的能力。你对自己拥有这项权力可能感到奇怪，而那些黑衣人就是潜意识为你提供的一种领悟力。他们的规模和组织严密与否，正反映出你的自我管理能力。尽管你会害怕责任感可能扼杀自己的个性，但你对自己的行为还是拥有最终的决定权。

行动

这个梦是**赋予你一种自我选择的权利，让你可以为自己负起责任**。我们很容易会诿过于他人，责备别人限制你的自由，让你不能做自己想做的事。但事实上，在日常生活中只有对自我行为负起更大责任，你才能拥有更多的自由。你的最大自由之一，就是能够负责任地运用自己的权利。如果你只想满足需求而推卸责任和义务，那么你会觉得在他人的行动中，自己永远是个牺牲者。

背景

我们对于权威的最初体验来自父母亲，而他们也会教导我们要对自己的行动负起责任。当我们还是小孩的时候，通常是凭借冲动来行事，整天就想随自己高兴来娱乐自己。长大后我们会受到来自许多权威机构的自由行动的限制，特别是进入学校之后，但是我们所受的教育也提供了获得自由的机会。成年之后，我们有时也会觉得某些机构或组织想要剥夺我们的自由。

34 童年时代的房子

梦境

虽然你已经成年，却又回到童年居住的房子，那是你离开多年的地方。那里还跟当初你离开的时候一模一样，通常**你会在那里找寻某样东西，因为你认为它还在那儿**。你可能发现自己在翻找老旧的橱柜和衣柜，尤其是你以前的卧室。不管你找的是什么，通常会在老家的床底下找到，让你觉得很高兴。有时候也会发现自己在老家外头的花园，跟儿时玩伴玩得很开心，或高兴地把玩以前最喜爱的玩具。

意义

梦见回到童年时的房子，通常代表你早年成长期的一些经验。房子在梦里通常代表你自己，而**重新回到老房子表示你又想起或碰到那些帮助你形成自我的重要东西**。虽然在真实生活中，你的成长受到许多因素的影响，但其中有些可能在你的童年里没有机会充分利用。老房子跟你当初离开时完全一样，这是指你个性上的某些部分一直没有改变。那些个人特质一直在你心底处于**休眠状态**，等待适当时机再充分展现。

你在老房子里找东西，通常是代表你想找到这些特质，和它们再次连接。家具代表你的个人习惯和记忆，诸如橱柜、衣柜等就是你储存童年经验的地方。虽然那些回忆都已经被你打理干净，保存在某些地方，现在你又想把它们找出来。你的床代表让你感觉最舒适、最放松的处所，因此在床底下找到那样东西，表示你找到真正自我的重要部分。在屋外花园与朋友或玩具玩耍，其实是你在跟刚发现的自我潜力互动。

行动

这个梦是鼓励你去探索自己内在还没被发现的部分，**开发它们的真正潜能，因为现在你已经有时间和资源来进行这件事情**。在你个性的这个特定区域，通常就是你小时候没机会或没自信表现出来的才能。要无视于它而继续生活下去当然比较容易，但这是你真实自我的重要部分。让它表现出来，可以实现你的童年梦想。

背景

我们以模拟的方式来学习探索周围的世界，而人在两三岁的时候就开始意识到我们跟外在世界的区别，长大后了解到世界可分为内在和外在“两个世界”。我们把自己住过的第一间房子比喻成我们自己，利用那间房子来区隔内外，并以之比拟个人成长中性格的不同部分。等我们长大成人后，我们通常被鼓励要舍弃一部分的童年经验，而它们就会留存在潜意识里，以童年房子的形式出现。

35 无法动弹

梦境

你受到某种黑暗、邪恶的精灵鬼怪所威胁，发现自己在梦中动弹不得。不管你怎么扭、怎么动，你的身体似乎都停留在原地。有时候你可能感到胸部承受重压，令你几乎喘不过气来；或者也可能是被某人或某物紧紧抱住、缠绕或挤压；又或者觉得自己在雪中或冰里冻僵。

意义

梦到自己无法动弹，是个非常恐怖的经验，因为那个感觉往往非常生动而真实。**这种无法移动身体的现象，来自生理上的保护功能，让你在睡梦中无法四处移动**。但这并不是在睡梦中身体出现问题，而是你的大脑阻断了传送到四肢和躯干的神经信息。这种状况会带来类似瘫痪的感觉，通常伴随一种紧缩感，**仿佛有人或什么东西压住你的胸口一样**。这种生理失能的自然现象称为“睡眠瘫痪”，几乎都是在睡梦中出现。这时候如果你从睡梦中突然醒来，通常还会感觉到梦境中的麻痹感。

这个梦境可能导致各种幻觉，例如以为被黑衣男子用手抱住或有不好的东西堵在你胸口。由于此种梦境在生理上会造成胸部肌肉收缩，因此你会觉得好像喘不过气来。此时如果越焦急，肌肉将收缩得越紧，最后感觉会更糟。这通常是你在日常生活中经历一些紧张状况，却没有获得适当休息，睡眠瘫痪就有可能发生。欠缺足够休息表示你**醒着的时候身体仍然感觉疲惫，但思维却非常活跃，这种情况下很可能触发这个梦境**，醒来后往往是一身冷汗。

行动

如果醒来后还是无法移动，最好的办法是**暂时放松几分钟**。虽然这么做可能违反直觉，不过让身体放轻松之后，它才能以自己的节奏苏醒过来，同时让恐怖感消退。要避免睡眠瘫痪的发生，需要提升自己的睡眠质量，在睡前让自己放松下来，避免过量的酒精和尼古丁，当然也要排除不必要的紧张和压力。

背景

我们通常以为面对意外威胁的典型反应就是“打或跑”，但在打或跑之前，我们最常见的反应其实是静止不动，希望攻击者没注意到我们。而这种自然反应，是我们在做梦与清醒之间的半醒状态中自动出现的。我们在梦中看到的形影，是已经进入神话和传奇故事中的夜之精灵。

36 中了彩票大奖

梦境

你正在对彩票号码，突然发现自己中了大奖！你一次又一次地检查，确认自己真的中了头奖，你觉得好惊讶。或者，你梦见自己偶然挖到一个宝藏，或找到一个装满钞票的行李箱。**碰上这种超级好运，让你变得很焦虑**，不知道该怎么拿到银行安全存放，也不晓得如何申明自己是合法拥有的。

意义

梦见买彩票中头奖或找到宝藏，表示你开始意识到自己拥有独特而珍贵的才能。这是日常生活中碰到的某件事，让你意外察觉自身拥有的宝藏。尽管看来似乎是毫不费力就得到这个机会，其实如果不是因为你拥有独特的能力，也不可能有这个机会。**你的才华可能蛰伏好一段时间了，现在正是你加以发挥的大好时机**。就跟中奖的彩券号码一样，那是确实可以查到的，可是这个好运落在你头上，你却发现很难接受。

挖到地下的巨大宝藏，代表你潜藏的才华，是你自我发展的庞大资源。然而你尽管知道自己拥有这些才能，却很难完全施展它们。你对于申明合法拥有财宝感到焦虑，代表你对于自己天生的创造力仍然欠缺信心。这种自我怀疑可能就是才华一直被掩埋着，直到现在才显现出来的原因。你**要对自己更有信心**，肯定自己，你才能够为自己创造机会，而不只是坐等好运降临。

行动

这个梦是告诉你：你拥有一些独特的才能或技艺，你一定要珍惜。它鼓励你去**探索这些隐藏的能力，找出发挥才能的方法**。要充分实现自我的价值，其关键在于你要先肯定、赞赏自己的创造禀赋，不管它们现在看起来是多么不重要。你越了解自己拥有的能力并充分展示它，别人才有更多机会了解你、肯定你。你不应该只是坐等别人的发现，你要真正付诸行动，开始找出自己能够做点什么。

背景

我们小时候听过的童话故事，一定有找到宝藏、获得数不清财富的情节。神话和传奇故事里，也必定会有宝藏财富和梦土乐园，描述街道是用黄金铺成的场景。在这些故事里，宝藏通常是在偶然的机会中发现的，而在现代版的故事中，这个机会就是彩票。跟偶然中奖一样，我们也常常希望别人会发现我们的才华，意外地发掘我们。英文“才能、天分”（talent）这个词来自拉丁文的talentum，表示“货币单位”，而**我们现在也往往将才华和财富画上等号**。

37 没赶上飞机

梦境

你非常慌张地赶到机场，知道自己只剩几分钟，要赶快通过安全检查才赶得上飞机。你急切地查看航班通告牌，想找到自己航班的信息，却发现通告牌上信息错乱、互相矛盾。你想找周围的人帮忙，却没人注意到你的尴尬处境。你心想真该早点出门的，可是你有那么多行李要整理，在离开之前有好多事情要做。**当你听到飞机已经飞走时，你的心情跌到了谷底**。

意义

梦见没赶上飞机，表示你在日常生活中的**计划没有带来预期的效果**，让你非常焦急。飞机是空中交通工具，代表你那些想法正在无边无际的想象中翱翔。你急急忙忙地赶飞机，表示你希望这些想法可以带你腾飞，摆脱日常生活的这个世界。尽管你**意识到自己渴望腾空而起**，但这个想法让你感到些许惊慌，虽然你在真实生活中已经做了许多准备，并设定好时间表来完成自己的计划。然而你还是非常焦虑，因为不管你多么忙于准备，似乎都难以取得进展，实现你的最大愿望。

试着通过机场的安全检查，表示你贪恋日常生活的安全领域，不敢去实施你期望的计划。航班通告牌上的混乱信息，代表你有时候很迷惑，不知道什么事情才能让你感觉最快乐。你可能面对着一些相互冲突的需求，它们从各个不同的方向拉扯你。似乎没有人明白你的困境，因为你看起来总是那么善于打理周遭事务，能力似乎很强。那些你启程前必须整理的行李和事务，表示你把大部分时间用于照顾他人需求而不是你自己。

行动

这个梦的信息是：你要把握机会，让自己的意愿及时付诸实行。虽然你为自己的计划制订了各种时间表，但是满足和快乐不能如期抵达时，又让你失望不已。这通常是你的生活中塞满了各种活动，看起来很忙碌，但你却没有依照自己的愿望，选择那些有助于实现目标的行动。**把自己搞得很忙碌，常常会让你远离自己的目标**，如果你想朝着自己的目标前进，就要跨出安全领域，开始去探索那些未知的地方。

背景

前往机场和登机过程，可能比真正搭飞机的时间还长，因此我们登机之前常常**有“时间压力”**，因为在这个过程中常常会碰到许多意外的耽搁和延误。飞机有特定的起飞时间和目的地，它不是在地上等待起飞，就是在空中飞向目的地，因此我们常常用它来代表特定时段中的机会。在人类可以进行空中旅行之前，我们会梦见延误某些自然时机，特别是一些农事上的机会。

38 坟墓和尸体

梦境

你看到黑色的土堆冒出一些苍白的东西，走近一看竟是一具尸体。尽管**那个人的死亡与你无关，你还是感到非常愧疚**，希望把他掩埋好。当你试着掩埋那具尸体时，也许又发现周围有好几具尸体。你急急忙忙地想要掩盖这一切，希望在任何人发现之前赶快逃走。

意义

梦见掩埋尸体，代表你一直在考虑怎么发挥潜藏实力，在日常生活中实现某项特定计划。意外碰见尸体，表示**你拥有某个特殊才能，但是你过去一直摒弃不用**。尽管你认为发挥这项才能的时机早已消逝，但在你的日常生活中，现在就出现一个新机会，能够让你发挥独特才能。尽管抛弃自己最珍视的希望和梦想，是环境所逼不得不然，你还是觉得非常内疚。这种内疚和遗憾的感觉，通常会让你想继续掩藏自己的才华。

你可能只是想要博得他人的认可和欣赏而抹杀自己的创造力。现在，你已经发现自己独特的才能，你有机会让自己潜藏的愿望苏醒过来。如果你梦见那个人的死亡是因你造成的，那是代表**你自己做出决定，抛弃了自己的才能**。梦见周围有许多具尸体，代表你身为团队的一分子，有许多机会展露自己的才能。

行动

这个梦提醒你：注意那些被你忽视的才能，要在日常生活中把它们发挥出来。你的潜意识发现一个严重的危险，尽管那是你有意识做出的抉择。**你为了迎合他人的期待，正在放弃真正值得追求的事物**。然而不管你多么努力去掩藏，你那份独特才能都不甘就此蛰伏，总是在不恰当的时候冒出头来。你不应该对自己的个人才华感到内疚，而是应该为它们灌注新生命。

背景

虽然平常人没什么机会碰见尸体，不过在大众文学里可有很多关于谋杀和尸体的故事，而那些死亡事件通常还笼罩着许多迷雾。在那些故事里，通常有一方想要掩藏尸体，而另一方则试图找出真相。这些典型的推理故事，会跟我们掩藏才华引发的内疚感受相互呼应，也对应着我们想知道原因，探索自己何以忽视自己的才华。尽管管家就是凶手，只是被用了N次的旧搞笑桥段，但我们的确常常为了配合他人的需求，而忽略自己真正想要的事物。

39 间谍与密探

梦境

你觉得很不安，因为似乎**有间谍或密探在暗中跟踪你**，尽管你想方设法要躲避，却一直受到监视。虽然你一直试着说服自己要理性，不过还是怀疑自己的电话遭到窃听，有陌生人在偷看你的个人信息。你想跟警察局报告这些鬼鬼祟祟的事情，又害怕执行监视行动的其实就是他们。你觉得谁都不能相信，连要跨出一步都疑神疑鬼。

意义

梦见自己不停受到间谍或特务的监视，表示你在日常生活中正担心泄露你隐藏起来的情绪或观感。密探、特务代表那些你想隐藏起来，不想让他人探知的敏感情绪，而**间谍则表示你在无意中泄露自己的情绪**。当你刻意强迫自己做出某种表现，违反本性想要假装成某种人，就可能会出现这类情形。你也许一向公开而诚实，然而当你想让自己的作为符合某种理想形象，或者符合他人的期待时，可能就会出现这种情况。例如在严格节食的时候，你可能因为偶尔吃块饼干而感到内疚，进而放弃节食计划。

你不想承认原本的感觉，而是提高警觉审察自己表现给他人看的情绪。这会让你显得相当疏远他人，而且你可能会常常释放出一些谜样的信息，既让别人看不懂，又希望有**哪个人与你心有灵犀**，可以解开谜题，知道你真正想说什么。害怕秘密恋情曝光或个人有某种特别的喜好，都可能会触发这种梦。尽管你小心翼翼地追求个人私密的满足感，谨慎地隐藏真实感受，它们还是会不断地泄漏出来。**间谍和特务通常被描述成既有力量又有魅力，表示你的大胆冒险也会带来自信和魅力**。

行动

这个梦是要帮助你发现你一直想隐藏起来的力量和热情。你可能羞于表露个人感情，认为这在某种方面对你不利。你的敏感情绪犹如一些你并不太熟悉的领域一样，因此你担心如果显露出来，可能会让你想亲近的人感到不适。然而**允许自己展示某些信息，显露出自己独特的才能和真实情感**，不但可能博得他人的认同，也会给自己创造许多新机会。

背景

间谍和特务是最常见的小说人物，他们通常被允许打破某些规则来达成目标。当他们执行重要任务或揭露真相时，常常运用不同身份来掩饰自己的行动。他们往往是秘密组织的成员，跟我们常常想要保守自己某些秘密的行为相呼应。从詹姆斯·邦德到杰森·伯恩，那些收集情报、揭开秘密，进而把握珍贵潜在机会的间谍和特务人员都令我们着迷不已。

40 没爆炸的炸弹

梦境

突然看到一枚还没爆炸的炸弹，你吓坏了！你说不定还看到一个计时装置，上头有数字灯闪烁，或者一个嘀嗒作响的小闹钟，而那枚炸弹可能有一半埋在地下。有时候，这枚炸弹还做了伪装，看起来好像无害，或者有一个红色的大按钮，**如果你按下去，一切就完蛋啦**。也可能是一枚从天而降的核子弹，或者在天空画出弧形轨道、带着毁灭意味的飞弹。这枚炸弹或许不会爆炸，尽管它破坏了一些东西，但似乎永远不会伤害你。

意义

梦到还没爆炸的炸弹，表示你在日常生活中有机会完成某个重要的转变。炸弹和炸药通常代表累积的能量，而你对于释放这样的能量有点担心。这种能量往往是因为**持续不断的紧张和挫折累积**而来，你不知道什么时候释放才会显得安全而正面。你不但不晓得如何有效纾解自己的怒火，而且很担心整个状况可能在你面前“爆炸”。倒数计时的装置表示你越来越感到不耐烦，你觉得自己可能再也承受不了心中的不满。半埋在土里的炸弹，表示这些挫折都实际存在，不是毫无根据。

炸弹从天而降，表示你的某个计划或某些想法不断地受到阻挠，或被一些草率的假设所质疑。梦中出现核武器表示你可以**释放出巨大能量，它会彻底改变你的生活**。但你又感到非常焦虑，害怕释放出这么巨大的能量会不会造成严重破坏，产生一些延宕难解的问题，使得你要花很多时间才能再继续向前。尽管你很想表达自己的挫折感，却害怕效果适得其反。缓和局势的关键在于你自己，必须了解并选择要不要按下按钮的人就是你自己，是你在控制整个局面。

行动

这个梦是在警示你：**你拥有巨大潜能可以运用**，那是能够发挥正面效应的一股内在力量，可是你正在压抑它，或是觉得自己必须压抑。其实你应该适度掌控好你的内在力量，而非放任它被你无法控制的外在事件所触发。你不能放任自己处于一触即发的状态，而是要先退一步，想清楚怎么释放自己的潜能，才是最有效的做法。

背景

当我们说到释放怒气或挫折感的时候，常用词汇也都跟爆炸有关，比方说："这件事再不成，我就要爆了！"对于一些计划好的事，我们也会说某人或某事是个"引爆点"。虽然说到爆炸，我们通常会联想到突然而意外的炸弹爆炸，但炸药更常用于建设而不光是为了破坏，从采石采矿、开通隧道到一些土木工程，例如修建水坝等，炸药都是为了除旧布新。

41 运动竞赛获胜

梦境

这是场势均力敌的比赛，所以你知道自己占上风正往胜利迈进时，感到非常高兴。**面对对手的严峻挑战，你全力回击而抢得胜利的先机**。如果是在团队比赛中，你就是那个关键人物，在你的协调指挥下，带领全队取得更多分。即使克敌制胜那一球不是你投的，大家对你的加入和运动技巧都十分肯定，让你非常高兴。

意义

梦见运动比赛获胜，表示你在真实生活中正在思考要怎么让绩效提升到最好，来达成自己的目标。梦见个人的运动竞争，反映出你最近所面临的挑战。尽管这个梦似乎是你跟谁在进行竞争，但实际上是你在挑战自己，挑战你担心自己无法维持优秀成绩的疑虑。**个人比赛的胜利，表示你克服了这些疑虑，提升了自己的格局**。而你必须拼命战斗来完成任务，反映出你下定决心，付出莫大心力以求特定的结果，其中也强调了你必须面对需要解决的许多不确定状况。

如果是梦见参与团队运动比赛，表示你正在思考如何跟他人一起努力来达成共同目标。虽然所谓的团队也可能是指家人和朋友，不过通常是指工作领域上的人，代表你想跟同事一起努力来实现团队的胜利。你越是能够融入团队之中发挥实力，你就越可能成功。梦见团队比赛，也可能表示你在团队中还需要**适应和协调**，在竞争和个人需求上与团队目标达成一致。梦见参加某种特定的体育竞赛，表示你若要获得他人的肯定，需要去遵守某些特定的法则和规定。

行动

这个梦是要你挑战自己，去解决你心中的疑虑和恐惧。尽管你知道自己有些胜算，但还在担心你的某些弱点会阻碍你取得成功。面对弱点，想办法去解决，才会变得更强，才能争取到更大的胜利。**你要面对的最大挑战不是别人，而是克服你自己的疑虑和恐惧**。如果是身处团队之中，要跟大家合作，而不是跟他们对抗，如此才能达成自己和团体的目标。

背景

游戏和比赛是人类活动的重要组成部分。尽管这些活动没有什么实际上的目的，但它们可以**测试人在不同情境下的反应**，也是学习探索新机会的重要方法。游戏逐渐演变后，变得更有组织化，慢慢就发展成正规的运动和竞赛。这些体育活动是评估个人能力的重要方式，而我们对于自己热衷的运动，常常比工作还要认真。不论是个人或团队，运动员面对挑战、克服逆境，争取最后胜利，都非常振奋人心。

42 穿错衣服

梦境

你要出席某个活动，通常是要去参加一场重要会议，却突然发现自己穿错衣服。**虽然你的衣着有些平常，但某些装扮却显得非常不恰当**，或者欠缺了重要配件。也许是阴沉严肃的西装，却配上颜色鲜艳而夸张的帽子，或者你一直觉得自己穿错鞋了。也可能是发现穿错别人的衣服，觉得跟你一点儿都不搭，让你很不舒服。

意义

如果梦见自己穿错衣服，表示你在日常生活中对于自己出现在他人面前的样子感到焦虑。衣着是别人对我们产生印象的基础，我们对于服装，通常也是依据自己想要呈现的样子来做选择。如果想要表现得正式而干练，可能会穿着利落的西服和不过分花哨的鞋子；如果要表现出自己是群体中的一员，那就要穿跟大家类似的衣服，也许是制服，也许是符合最近流行趋势的服装。

穿着也是地位和身份的象征，因此梦见穿错衣服，也可能**代表你想展现的跟实际状况有所差距**。遗失配件或穿着不得体，通常就是反映这种本质上的差异。要是发现自己戴错帽子，表示你觉得自己的想法不恰当，或者你在某个情境中扮错角色。梦见穿着轻佻服饰，例如小丑装扮，表示你对某些事情可能不够认真对待。穿错别人的衣服，特别是穿错别人的鞋子，表示你**希望自己变成一个自己无法成为的人**。不合身的衣服，表示你无法适应，或你不想妥协。

行动

这个梦是要提醒你注意：你自己的实际状况跟你想要呈现出来的样子之间有多大的差异。你以为只要自己有这份心，就能呈现出特定样貌，但这个梦叫你不要以一种不自然的方式表现自我，而必须考虑在特定情境中做出不同的表现。在某些时候，我们似乎很想掩饰自己的才华，然而与其虚饰伪装去迎合他人的期望，还不如针对不同情境的本质，思考怎么**展现自己的独特个性，到时你就会发现自己更能融入周遭环境**。

背景

人类大约从七万年前开始穿衣服，而服装的原始功能是在恶劣环境和变幻莫测的气候中为人类提供保护。虽然人类穿着衣服的历史并不长，但服装已经成为地位或群体从属关系的象征，**因此我们所穿的衣服已经不再只是提供简单的保护功能**，还带有广泛的身份宣示意味。虽然对于身份的某些部分，我们会想要加以隐藏，但在某些奇装异服的宴会或各种传统节庆场合中，我们还是想借由服装来展示一些我们刻意隐藏的特质。

43 电影演出

梦境

你前一刻还确定自己只是在做些很普通的事情，下一秒却突然意识到自己其实是在某部电影里扮演主角。你是故事里的中心人物，配角和其他演员似乎也都真诚地接纳你。虽然导演会给你一些指导，不过你自己就能流畅地说出对白，也知道剧情要如何开展。这个故事荡气回肠壮丽非凡，**你成为众人关注的焦点，感觉超级开心**。你也许还会上电视，面对镜头侃侃而谈，根本就不必看脚本小抄。

意义

梦见自己在镜头前表演，通常表示你在日常生活中已经开始看到一个更大的人生格局。这个梦显示你平常花了许多时间来照顾他人，为了确保事情顺利成功，而担负了许多幕后工作。如今**你在梦里成为主角，表示你开始注意到自己的需求，思考该如何活出自己想要的人生**。在电影中担任主角，表示你如果想在日常生活中实现个人愿望，必须先肯定和展示自己已有的成就，这是非常重要的一部分。

当你在真实生活中开始肯定自己的成就，通常就会对自己更有信心。这种相信自己的感觉会给你指示明确方向，也会让别人更容易肯定和赞赏你的作为。你不必坐等别人来告诉你要做什么，你自己可以开心地采取行动，知道自己该怎么说、要怎么做。能见识到这个更大的格局，表示你拥有资源和经验来创造出一个不同以往生活的故事。**梦中那位导演，就是你内在的智慧**，它正鼓励你发挥那许久被忽视的才能和技艺，自信而自在挥洒，想做什么就大胆去做。

行动

这个梦要说的是：**你就是自己人生故事中的主角**，而不只是在别人的戏里扮演临时演员。你不必等着别人来决定要做什么，发号施令、发起行动的人应该是你。你越是能够让自己努力朝向目标迈进，就越不需要旁人来指指点点。你只要让大家见识到你的才能，他们就会肯定你的功劳。

背景

坐在黑暗的戏院里看电影，是我们所体验过的最梦幻的经验之一，当眼前的银幕开演之后，我们都沉浸在故事之中。正如同放映机把主角投射到银幕上，我们也会把自己的身份和需求投射到电影中的角色上。那些我们欣赏的电影明星，会成为我们心中的“神”，告诉我们该如何**展现自己独一无二的特质**。银幕上的行动反映出我们的故事，告诉我们要怎么得到希望的快乐结局。

44 遭受枪击或被刀子刺伤

梦境

暴徒拿枪或刀对着你，你震惊地发现子弹或刀子刺进你的身体。虽然你急忙捂住伤口，以阻止鲜血流出，还是质问对方为什么要伤害你。你害怕自己再次受到攻击而逃跑，暴徒尾随在后准备再次攻击。尽管你已经受伤，也似乎没有办法可以保护自己，但你还是跑得动，行动似乎未受阻。

意义

梦见遭受枪击或刀子刺伤，代表你在日常生活中**觉得自己被迫做某些违背自己意愿的事情**。枪和刀通常代表有人运用他们的权力强迫你，如果你不配合的话，可能会有什么不好的后果。枪击射出的子弹，代表某些你感觉违背自己意愿的事情所带来的伤害。跟刀子比起来，枪通常显得更缺乏人味，其攻击距离比刀子大得多，因此它通常代表你在专业领域中**受到威胁**的感觉。反观刀子则属贴身攻击，被刀子刺伤则代表你在人际关系上感受到的痛苦。

尽管枪伤或刀伤一定很痛，但你却比较关心动机问题，而不是伤害本身。虽然这场梦中的攻击似乎找不出原因，但这个梦通常是指明：在真实生活中的某个场景，**你的表现可能就像个受害者**，使得他人轻易地挑上你作为泄愤对象。你不站起来保护自己，就会成为各种明枪暗箭的攻击目标。你试图从这个状况逃走，表示你觉得难以正面对抗这些侵犯，结果反而让大家继续攻击你。捍卫自己最好的方式，就是鼓起勇气说出自己的需求，让那些毫无根据的批评指责转向。

行动

这个梦所带来的信息是：你正允许他人凭借其权力凌驾于你之上，因为你没有挺身制止。尽管你自觉软弱，但这其实正是因为你不敢运用自己拥有的权力，不敢声明自己真正的需求。你一定要**直白地告知自己的权益，确保得到自己真正想要的，包括个人需求和他人的认可**。你更加自信地挺身为己，就更不容易让别人看轻，他们就不敢来占你的便宜。

背景

使用武器的主要目的，就是为了剪除他人的影响力，或强迫对方做出特定的行为。**枪跟刀都是个人武器，因此是象征那些以势力凌驾他人的人**。虽然在日常生活中，我们不常真正看到这些武器，但是在许多电影和故事里却是屡见不鲜。从经典的西部片到谋杀推理片，那些受害者都是受到刀、枪的攻击而屈服。这个主题在战斗式电玩中持续呈现，玩家的成绩通常是根据他们运用虚拟武器的技巧优劣来决定的。

45 走错路

梦境

你很确定自己要去哪儿，但不晓得什么原因，你好像走错了路。你很想赶快到达目的地，却发现**目前正在走的路让你越走越远**，你觉得很惊慌。你想改变方向，但好像找不到哪条路可以通向你的目的地，也不知道该往哪个方向走。你试着减慢速度，甚至停下来，希望找到自己应该前进的方向。

意义

梦见走错路，表示你在生活中觉得自己并未朝着真正想要达成的目标前进。你以为顺着目前这条路走，可以达成愿望，但你离目标似乎变得越来越遥远。你可能以为自己拥有选择的自由，但是你的决定常常受到环境、同侪或父母的压力所影响。虽然你目前正在走的路线可以预测到，也很安全，是能够被社会接纳的，但**你开始明白，你并不想一辈子走这条路**。那只是大家认为你应该过的生活，却不是你真正想要的生活。

当你下定决心要走那条路之后，就开始明白你自己并不特别满意，也绝对无法带来你想要的满足感。尽管你想停下来，但是想要让这一切停下来所需要的决心，似乎比你当初选择要走这条路时还要大。继续走目前这条路好像比较容易，也比较安全，**改变方向总是要冒险的**。正如很多人走过的道路，总有许多引人陷入的车辙旧痕，你现在也觉得难以自拔。你甚至发现要慢下来也很困难，因为你不想再面对那些过去所做的种种承诺。

行动

这个梦的信息是：你渴望取悦他人，但这会让你无法到达自己真正想去的地方，因此你要好好思考一下，到底是谁或什么事物才会助你成功。你要考虑的不是别人能不能接受，而是**自己真正的生活目标是什么**，因为拥有目标比起光是只有计划更让人备受鼓舞。计划可能因为意外事件而受阻，而目标则永远可以给你提供前进的动力，那是你生命中真正想要到达的地方。

背景

“目标、目的地、终点”（destination）这个词源自拉丁文destinare，意思是“建立目标，选择你要去的方向或地方”。目的地通常被认为是个地理位置，**但我们此生所走的旅程，大都是为了履行生命中的个人职责**。老祖宗们可能认为自己命数已定，无可更改，不过我们在现代社会里则拥有许多选择，让我们去发现自己真正想要的，也提供许多方法来助我们实现个人目标。你越忠于自己的目标，就越明白也越肯定自己最后能到达那里。

46 忘记婴儿

梦境

你发现自己几年前生了个婴儿，却忘得一干二净，直到现在才想起来，这让你吓坏了。**你原本是在寻找什么，结果却在抽屉或柜子里找到那个婴儿**。尽管你已经忘了好几年，他却还活着，所以你马上照顾他，喂他吃东西。你不敢相信自己竟然抛弃自己的宝宝这么久，你内心充满了歉疚，非常自责。对于你重新施予的**爱护和关怀**，宝宝通常马上有所反应，很快就恢复健康，茁壮成长。

意义

梦见忘记婴儿，表示你想起过去某个令你乐在其中的辛劳创造，但后来因为某些原因而舍弃。**婴儿象征你非常珍贵的某个部分**，代表你所拥有的独特志向或才能。你一直忽略这个天赋，如今它正尖叫着，要你在日常生活中注意它。尽管你不敢相信自己完全忘了这个婴儿，但你很清楚，当时因为环境因素而不得不舍弃这个很棒的天赋。你把它包起来，放在一旁，或储存在安全的地方，希望自己可以很快再回来照顾它。

但是日子要过下去，总有那么多的事情要先做，有那么多的责任要承担，于是你的宝宝渐渐被你忽略，乃至遗忘。然而不管当年你是出于什么原因将它放在一旁，你其实还是希望有一天可以再回来照顾它。虽然宝宝现在看来可能又瘦又丑，但他仍是活蹦乱跳，有希望恢复健康和活力。**对于你忽略自己的宝贵部分，你感到非常内疚，但重新找回最爱，探索自己遗忘的潜能，是永远不嫌晚的**。这个婴儿就是你**丰富想象力的种子**，你以前把它带进你的生活，现在你要鼓励它茁壮成长。

行动

这个梦要告诉你：你拥有一些精湛的技艺或才能，但多年来都一直被忽略。或许在你必须迎合他人的时候，你可以轻易说服自己忽略个人更深层的需求，但现在机会来了，你可以拨出一些时间来开发自己的独特潜能。虽然要恢复旧观可能得花一段时间，但**你本来就拥有必要的创造能量**，足以进行培养和发展它，并使它完全成为你独一无二的才能。

背景

亲子之间的连接是最强也是最直接的关系之一。婴儿出生后，一切都要靠父母照料，直到他可以照顾自己为止。这个连接的意义是，为了婴儿的福祉，父母几乎是做出任何牺牲都愿意。当我们说到自己内心的某些想法时，可能称之为“我们的宝贝”，如果我们忽略这些计划，可能就会觉得自己抛弃了自己更**深层的需求**。我们的创造力往往可以给我们的行动目标带来深远的影响，正如我们所创造的新生命一般。

47 病得快死了

梦境

你身边亲近的某人虽然一向很健康，却传来罹患致命疾病的消息，你感到非常震惊。这个疾病可能带有相当明显的特征，例如癌性肿瘤、病人骨瘦如柴、病人心脏病发作气息奄奄或者某些临终症状。虽然这个疾病似乎无法医治，你还是**祈求奇迹出现，拼命想找到哪个医生可以救治病人**。你也可能是梦到自己病了，尽管你在真实生活中知道自己很健康。

意义

梦见某人生病危及性命，表示你在日常生活中可能正受到某个状况所影响，情绪或情感上不太健康，很可能是跟恋爱有关，让你感到不安却又无法可解的恋情。也许你已经努力去处理了，不过现在你突然发现自己不可以再这样继续下去。**如果梦见的病情是癌症，表示你生活中的某些状况正变得越来越糟糕，日益失控**，甚至侵入其他领域。这种难以控制的滋生蔓延，会让你觉得元气大伤，好像从内心里被啃食殆尽。

如果是心脏相关疾病，可能代表你正处于一段自己无心维持的关系里。你不该抱持无可救药的浪漫想法，让自己承受不必要的心痛，最好的选择是去探索**表达真爱的方式**。跟胃有关的疾病，表示你觉得目前环境难以给你带来想要的成就感和满足感。你不该一味地逆来顺受，而是要尝试一些别的办法，来满足自己的期望。如果是消耗性疾病，通常代表你觉得自己在浪费才华和机会。虽然你希望一切都会突然变好，但最好的办法就是赶快采取一些积极行动。

行动

这个梦的意义是：你现在正处于某种不健康的状况。就跟我们的身体一样，你的希望也有很棒的再生能力，可以重新点燃，让你迸发活力，然而你让自己长期处于慢性紧张和压力之下，导致这种希望变得渺茫。目前的情况看起来似乎别无选择，不幸的结果好像不可避免，可是要重获健康而平衡的生活，总是有办法的。**你能够为自己的幸福扛起越多责任，你的未来就会越健康、越有希望**。

背景

虽然我们可能都没有病到快死掉的经验，但在电视剧里都看过不少医院或手术的场景。在戏中，我们看过很多致命疾病的描述，有时候那些病人又奇迹般恢复了健康和活力。英文“疗愈”（heal）源自古英文haelan，意思是“恢复完整”，现代英文中也还保留着“精神矍铄、身体健康”（being hale and hearty）的说法。真正的健康，通常需要采取积极行动，**让自己成为一个完整的人，没有缺憾**。

48 遗失贵重物品

梦境

你丢了一些贵重物品，也许是很值钱的东西，它们对你来说具有很高的情感价值。丢掉的也许是你的钱包，当你要付钱或找什么东西，才发现它不见了。里头除了一些钱之外，可能还有你的身份证、驾照。你不敢相信自己怎么这么不小心，你觉得它们可能被偷了。

意义

梦见遗失贵重物品，代表**你在日常生活中常常思考自己对自己的评价，以及别人对你的评价**。遗失贵重物品，表示你的潜意识觉得自我价值受到某种方式的贬损，你不知道该怎么恢复原本健全的自尊。这种感觉通常是因为个人状况的变化所引发，认为自己没有获得足够的肯定，或不像过去那样受到赞赏。这常常是因为你的财务状况发生变化，或某个原本亲近你的人不再支持你。

你的内心深知自己的价值，可是丢了钱包，不能付钱买下某件东西，让你感到懊恼，这反映出你因为自己没受到他人肯定而**感到灰心丧气**。遗失身份证和驾照，表示你缺乏自信，不敢参加一些你真的很想去的活动。以为自己的东西被偷，表示你怀疑别人剥夺你未来的机会，贬损你的价值和地位。然而，维持你的自我尊严，让别人都知道你的**价值的最终决定权，还是在你自己的手上**。

行动

这个梦是要帮助你找回自我价值感，让你重新建立向他人展示个人价值的自信心。就如同我们要找回失物会回想之前去过的地方一样，这个梦是帮助你回想你所身处的境况，并提示你用一种更为宽广的角度来解读当前的情况。你**不必因为自己的处境而去指责他人**，而是要利用这些变化，创造出一些新的机会。要恢复自我价值最好的办法，就是回归自我，**把心力放在自己最珍贵的能力上**，把它发挥出来，而不是一再地计较他人对你的看法。

背景

我们常常用物质累积出来的价值来衡量自己的成功，而这些贵重物品也常常被看作是自我价值的有形体现。然而我们应该知道，物质往往并不是它本身具有多高的价值，而是人为附加的，并且都可以被取代。有些东西实际上可能没有多大意义，也不具备什么魔力，只是反映出我们展现尊严时，所赋予它的价值。那些贵重物品所显露的价值，其实是激励我们珍视自己的价值。

49 被掠食动物追踪

梦境

你确定有什么动物或怪兽正在追踪你、监视你。你警觉到可能是危险的掠食动物，像狮子、老虎之类正尾随在后，准备扑上来。这只掠食动物通常是只狮子，它就出现在你熟悉的地方，例如你的工作场所，或你家附近的街上。或者，你发现是只老虎，它在后头追赶，你只是稍稍瞥见。有时候，可能是只躲在阴影中的黑豹，它再次消失在黑暗中之前，让你吓了一大跳。

意义

梦见掠食者尾随，表示你正担心自己个性上的某些特质变得危险而难以控制，因此而耗费你的资源。**动物通常象征你的本能和不受压抑的冲动**，而在日常生活中，你小心地监视这些感觉，试图控制它们。但是，不管你多么费心地想要控制或忽视它们，**你的情绪似乎总是潜伏在阴影之中**，准备在某个你感觉脆弱的时候，趁你不注意就一跃而出。这种害怕成为感情猎物的焦虑感，通常表示你很不愿意跨入一个全新而未知的境地。梦中所出现的动物，代表它所指向的**本能冲动**的本质。

如果是狮子纠缠你，表示你缺乏信心展现自己的才华，虽然你相信自己有这个能力，却害怕他人伺机而动，发现你犯错随即扑上来。老虎通常象征强烈的独立性格，因此梦到老虎要把你吃掉，表示你很想展示自己的独特个性，却又害怕因此显得太强势，让别人难以亲近。黑豹代表无意识的一股隐藏的力量，黑豹尾随在后，代表你觉得无法控制自己的潜在动机而显得软弱。其他的掠食动物，如熊或狼等，代表你担心自己无法保护亲密者的安全。

行动

这个梦要让你明白：你在展现本性和能力时太过胆小。你害怕自己的行为可能失控，害怕别人会认为你太过危险、破坏力太强而排斥你。你的本性虽有可能带来破坏和混乱，但它们也有助于你抓住那些可能会被错过的机会。**你不该把自己的本性锁住，而是要注意探查自己的本能冲动，用心观察自己的行为**。你对自己的本能行为越了解，就越有信心展现真正的自我。

背景

尽管大多数人不会每天都跟危险的掠食动物打交道，但我们都很熟悉一些狮子、老虎等猛兽的故事。我们从小就看过一些像《丛林奇谭》《狮子王》的书籍。大多数人后来也都喜欢观赏野生动物纪录片，看到那些大型猛兽如何狩猎捕食。我们在语言中也常常引用这些动物的特质，例如："狮子般的骄傲"，或形容某人特立独行而强悍不羁时说他像头"猛虎"。

50 令人害怕的阁楼

梦境

阁楼一直有奇怪响声，你不知道那个响声到底是什么。莫不是闹鬼了吧？你听到地板吱吱作响，可是那里明明没人呀！你听到上头传来喃喃的说话声，有时候你觉得阁楼里的东西好像自己在移位。**你不敢上那儿瞧个究竟，害怕碰到鬼**，但又觉得应该去看一下，好让自己安心。

意义

梦见阁楼，代表你在日常生活中正在思考一些过去的东西和想法。房子里的不同房间，代表你个性上的不同面向，**阁楼就是房子的顶楼，因此它代表你的头部**。阁楼通常作为储存之用，因此里头的东西就代表你留着以后用的计划和想法，不过通常也都是你过去因为环境因素而舍弃的。如今在你的真实生活中有些事情发生了，因此又让你想到过去的那些计划，让你**迫不及待**地想要翻找它们。

楼板吱吱作响的声音，代表你需要上去把自己的想法拿出来，拿回真实生活中，而你听到的喃喃说话声则是你真正想让大家知道的想法。你怀疑阁楼里的东西自己移位重新安排，表示**你自己的脑袋正把那些想法东挪西移，重新组合成深富创意的全新想法**。探索自己过去的希望和想法，有时候是相当可怕的，因为它让你想起自己过去是怎样的人，还有那些在你生命中曾经想要完成的事情。尽管你以为自己早已舍弃那些希望，其实还都储存在脑海里，等待适当时机被召唤出来。

行动

这个梦所带来的信息是：你开始意识到某些过去的想法和观念又回来了。你或许早就忘了，不过在某些事物的触发下，又把它们带回真实生活里。**你不该再把门关上，希望它们就此消失，而是该以开放的心胸接纳它们，并把握住它们可能带来的机会**。虽然当下这些想法还是有点模糊不清，但只要你努力探索，它们就会逐渐变得具体起来。

背景

梦里的房子通常就代表我们自己，而房子的阁楼就是我们身体的顶部，也就是头部。正如阁楼经常作为储存东西之用，我们的脑袋里也装了一些希望日后派上用场的东西。就跟我们会在阁楼上找到需要的东西一样，我们也会说：为某个想法“掸去灰尘”，或者让某项计划“重见天日”。英文attic这个词除了“阁楼”的意思之外，也指“鼓室上隐窝”（epitympanic recess），即中耳上半部的窄小空隙。

51 无法通过的障碍

梦境

你想去某个特定目的地，却碰到一个似乎过不去的障碍，挡住你的路。这个障碍可能是湍急的大河、高耸的悬崖、宽阔的峡谷，或是难以穿越的森林等大自然屏障，也可能是爬不过去的高墙，或仅仅是一道上锁的门，让你不能再前进。**每当你试着要通过障碍，就充满了无力感，深深感到焦虑**。就算你想从旁边绕过去，往往也无隙可乘，望墙兴叹。

意义

梦见难以逾越的障碍，表示你在日常生活中不断遭受挫折，似乎让你难以前进。虽然不见得天天都这样，但这种挫折总是以某种方式把你往后拉。这些障碍物似乎是具体有形的外在物质，但其实通常是你心里那些局限自己能力的负面想法。你在生活中体验到的断裂或不安，造成你对自己缺乏信心。如果障碍是条大河，代表**困扰你的是情绪或情感上的不安**；如果是巨大的裂口、峡谷，那么阻碍前进的是你的思维方式；碰到悬崖或高墙，通常表示你认为自己缺乏足够资源才前进不了。

虽然障碍阻挡你前进，但它同时也是你感觉脆弱时的屏障。**它不但会阻碍你迈向未来，你对未来的焦虑和担心，都会成为一种顽固的自我防卫**。你在梦中试着绕过障碍，表示你在真实生活中也想躲开那些让你有挫折感的东西。你虽然没有正面迎向障碍，但已经有了一些应对机制。可是虚与委蛇也只能让你走这么远而已，还不如突破自我设限的障碍，这样才能顺利地到达目的地。

行动

这个梦的信息是：你可能需要尽快解决阻碍你前行的相关问题，如你的思维、你的情绪等。尽管这个障碍看起来坚不可摧，但最困难的地方就是它的弱点。你不该沉溺在自己的软弱之中，而是要**运用自己情感上的力量，找出真正牵绊住你的阻力**。以正确的方式来看待那些挫折，你面对的障碍也会相对缩小。当障碍缩小到可以处理的程度，你就可以克服它，让自己有一个走向全新领域的机会。

背景

我们常常以现实世界中具体的外在景观来描绘内心世界。当思考或情感碰到障碍时，我们会说“碰壁”。在处理一些心理障碍时，我们会说“跨越桥梁”就能如何。通过具体地形地貌的描述来传达内心状况，让我们可以表达自己的处境，同时运用适当的方法来克服一些潜在的阻隔障碍。

52 不合时宜的亲昵行为

梦境

你发现自己想在某种奇怪的情况下或环境中做爱，可能是在公共场所。虽然**你觉得很尴尬，因为身边有那么多人，不过好像没人注意到**。或者，你的确在一个很隐秘的场所做事，却不断被一些人用最琐碎的小事干扰而分心。或者，你在工作场合和同事做爱，但在现实生活中，你并不觉得对方有什么魅力，或者梦到你在做爱时，还在忙着处理什么杂七杂八的事情。

意义

梦见自己在不寻常的环境中做爱，表示你的日常生活中有某些事情意外地发生了，它正在鼓励你更深入地认知让你感到振奋的独特才能。梦见做爱，几乎毫无例外是代表**要更深入了解自己的能力，而不是真的想做爱**。梦到想在公众场所做爱，代表你想在私底下发展这项令你振奋的新技艺，而不是在让你觉得脆弱和暴露的公共场所展示。你现在可能觉得不适合在公共场合表达你的兴奋之情，诸如你的工作场所之类的，而没人注意到你，则代表**大家对你的特殊才能，其实都很有信心**。

虽然你想找到一些隐秘空间，全神贯注地探索自我意识，却发现自己不断被打断和干扰。这表示你想发展自己的新才能，让自己知道怎么充分运用，但投入的时间还不够。跟你做爱的同事，虽然在真实生活中可能不吸引你，但你的潜意识却很欣赏他的某些特质。这些特质不是浪漫情愫，而是一些专业能力或处理某些特定状况的才能。当你越了解自己，越能接纳自己的能力，你将有更大的动力去发展自己的独特才能。

行动

这个梦的信息是：你对自己性格中某个独特部分，开始有更多、更深刻的认识。但是因为你觉得那个方面是属于非常个人的部分，而且你也不太确定该怎么控制，所以你通常把它们隐藏起来。但是在你逐渐认识到之后，你对自己拥有的独特才能感到非常兴奋，并觉得难以压抑它了。**你不该再压抑自己的独特才能，而是要给自己充裕的时间去思考如何运用这项才能，并给它创造发展的新机会**。

背景

做爱是生殖繁衍的过程之一，因此跟创造的概念紧密联结。我们会因为一些新计划和新想法感到振奋，口语上常说"孕育新想法"或者是让某事"诞生"。能够创造出独特对象的能力尤其令人兴奋，特别是在初期阶段所拥有的似乎是无穷无尽的新机会。而在创作过程中，创作者必须做更深层而隐秘的创想，因此也是非常耗费心神和精力的过程。而且，**要完成独特的创造，往往也需要创作者大胆地把想法表达出来并付诸行动**。

53 生死搏斗

梦境

你无可脱逃地要进行一场生死搏斗，面对一些既强大又危险的对手。不管你怎么拼命地拳打脚踢，每一招都被对手挡住，你觉得越来越绝望，自己绝对不可能打得赢。你觉得这场战斗的唯一结果，不是你死就是我死，没有其他可能。你的攻击似乎毫无效果，你的对手根本不把你放在眼里，他们大部分的时间都是在嘲笑你那可怜的拼命。

意义

梦见进行生死搏斗，表示你在日常生活中可能正面临威胁自我的处境。在现实生活里，这种威胁通常相当琐碎，那种非生即死的感觉往往是自己的脆弱所引发的。你觉得**为了保护自己个性上某些敏感部分，你必须每场争执、冲突都要打赢，不管那是多么琐碎的事情**。虽然你很想在生活中展现自己坚定而强大的形象，你的某些部分却觉得自己软弱无力，不能保护自己。你觉得别人可能针对你明显的弱点展开攻击，因此你拼命地保护这些脆弱的地方。

你的一招一式，对手都能完全招架，这是因为这场搏斗实际上是你内心里的**自我冲突**。你不去肯定、欣赏自己的才能和技艺，反而把所有的时间都花在保护自认为有缺陷的地方。你拼命地想要消灭自己的弱点，在这个过程中，反而忽视了自己的长处，结果感觉自己更加脆弱。**你该进行的战斗，不是去消除你盔甲上的裂痕，而是去接纳它们**。明智的潜意识了解这一点，因此在你拼命假装强大的时候，才会如此逗弄你。

行动

这个梦强调的是：你总是尽最大努力来实现目标，但你要仔细地想一想，自己的努力是否用对地方，而你正与之对抗的力量到底是什么。在东方武术里，有些最厉害的招式其实是**借力使力，以对手之力来克敌制胜**。而要做到这一点，最重要的就是要接受自己的缺陷和弱点，包容自己的缺点，你才能变得更强。

背景

在各种信仰和文化之中，都有传说涉及英雄儿女与强大敌人进行殊死斗争的故事。尽管这些故事可能来自真实的战斗纪录，但**生死搏斗的概念已在运动和比赛时转化为一种仪式**。这在罗马的格斗士文化中十分盛行，如今则变成大家比较能够接受的拳击或武术比赛。现在流行的电玩游戏，有很多也是源自这种生死搏斗的概念，玩家的成绩取决于消灭了多少虚拟对手。

54 嘴里塞满口香糖

梦境

你的嘴里都是些黏糊糊的东西，像是口香糖。你越嚼，它就变得越大，像是要塞满你的嘴巴。你很想吐掉，似乎又吐不出来。你想用手指挖出来，它却变成一团黏兮兮的泡泡。你感到很焦虑，害怕牙齿里的填充物会被拉出来，伤害你的牙齿。想要吞下去，又怕会噎到，让你觉得非常不舒服。

意义

梦见自己满嘴的口香糖，表示你在日常生活中有些事情想说出来，却又难以表述。梦见吃东西，是象征一些可以让你获得更深刻成就感的活动。而不停地咀嚼口香糖，则表示你似乎正在进行一项消耗许多心力的活动，但你没有因此获得什么满足感。这个活动往往是你为别人做的，虽然刚开始的时候你还挺起劲的，但很快就失去兴致，如今更成了沉闷的苦差事，让你觉得自己只是为了做出一个姿态而已。

你很想说出自己担心的事情，却害怕如果真的说出心里的想法，会引发棘手的局面。你花很多时间仔细咀嚼这个问题，思考要用最平和的方式来处理。虽然它一开始只是个小问题，现在却膨胀成一个大难题。你的牙齿代表你的个人力量，担心牙齿受到伤害，代表你害怕把话全部说出来，会削弱你的力量。然而，**释放挫折感最好的办法，就是说出心里的话，一吐为快！**

行动

这个梦是在你感到难以表述时，鼓励你**大声说出自己的看法**。尽管你为人温和，说话流利，现在要说出自己对目前状况的感觉却相当困难。你自然而然地想让自己要说的话显得委婉，以避免别人的紧张和不高兴。然而你越是不说出自己真正想说的话，你就越可能陷在同样的处境中。勇敢说出真话，才能让你知道自己可以成为什么样的人。

背景

许多人，特别是牙科医生和牙齿矫正师，认为嚼口香糖的梦跟磨牙有关。他们认为是因为睡眠时磨牙产生咀嚼感，才会梦见嚼口香糖。其实不是的，**睡觉磨牙常常是因为人们感觉难以表达自己的真正情感**。在日常生活中碰上这种状况，就可能梦见嚼口香糖，而这个原因也会引发磨牙。当他们解决这个问题，能够说出自己真正想说的话之后，通常就不会再梦见无休止地嚼口香糖，也有可能不会再磨牙了。

55 身陷泥沼

梦境

你好像身陷泥沼，发现自己很难移动双腿。泥沼中通常就是泥土和水，或者你发现自己陷入一种黏糊糊的液体中，像是流沙或是奶油。也许刚开始的时候，你走在坚实的地面上，现在却已身陷泥沼。你似乎还可以向前倾，头跟手都还能动，但两腿就是动不了。**你越是用力挣扎，越感到难以移动，必须使出很大的力气才能前进**。

意义

在你的梦中，**腿代表在生活中推动你前进的基本欲望**。梦到两腿被限制住，表示在日常生活中有某些东西妨碍你前进。让你不得前行的，并不是什么特定障碍，而是黏糊糊的液态泥沼，表示你的某种情绪在影响你并让你举步维艰。梦里的液体通常反映出你的情绪或情感，因此尽管你以为自己踩在硬实的地面上，但如今这个情况却让你感到力不从心，好像整个人在往下沉。虽然泥巴是最常梦到的，不过也可能是梦见自己正在蜜糖或奶油中艰难跋涉，这表示你之前可能还觉得那个妨碍你的东西挺有趣的，但现在却发现自己好像被它困住了。

你目前的情况，通常是因为情绪或情感上不够澄明也不够稳定所导致。尽管你想大步向前，却觉得自己陷入泥淖中，那个**心理上还没解开的结让你无法前进**。要解决这个特殊状况，你不能继续沉溺在自己的情绪里，而是要在你所处的位置**采取强硬的立场**。你对自己所处的状况越了解，你就能越快地采取行动，让自己迈步向前。你的头还能向前倾，代表你在理论上明白哪些事情需要完成，但理论归理论，如果你不采取一些实际行动，摆脱现在这个麻烦处境，还是什么事情都不会发生。

行动

这个梦的信息是：你要少想多做，采取实际行动让自己前进。你不要在理论上打转，认为事情应该如何如何处理，而是需要将你的计划付诸实行。**你别想一次就全部搞定，要一步一步向前走**。刚开始这几步也许要多花点力气，而且你很可能因为觉得进展有限而轻易放弃。但是，你如果能累积更大的动能，你就可以迈向崭新的未来。

背景

尽管现在有机械动力运输和种种旅行方式，我们人最主要的移动方式还是依靠我们的双腿。在语言中，可以看到许多跟脚有关的词汇，用来形容移动。我们会说“时间匆匆前行”“我们要采取必要的步骤”，采取某项计划“先让它走一遭”等。我们走路或奔跑时，总是会选择坚实的地面，因为它能提供稳定而一致的支撑。在你睡着之后，如果脚被床单或被子缠住，也可能会产生两腿被绊住的感觉。

56 遭到弃养的动物

梦境

你听到盒子或柜子里传出呜咽声，打开后发现一只被弃养的可怜动物，你感到非常心疼。这只动物通常是家庭宠物，不知怎么竟被弃养。它通常是又渴又饿，所以你急急忙忙准备食物和水，希望它可以恢复活力。你担心它的安危，又对这么漂亮的动物遭到弃养而愤怒不已，想找出到底是谁干的好事！

意义

梦见被弃养或遗忘的动物，表示你在日常生活中不自觉地忽略了某些自己的天性本能。在盒子或柜子中发现的动物，代表你因为某种原因想要掩饰的天性。通常是因为在日常生活中的某种状况下，如果想跟别人和平共处，似乎必须隐藏自己的真实感受。遭弃养的动物通常是家庭宠物，表示被忽略的可能是**你对无条件的爱情和亲情的需求**。如果你觉得亲近你的人正渴望你付出情爱，通常会让你感到愤怒。

你发现的动物种类，代表你忽略的感情的性质。狗代表你对忠诚和情爱的感觉，因此发现被弃养的狗，可能是你觉得身边亲密的人背叛你；猫代表你需要多点独立；兔子表示你可以健康成长；鱼代表你需要一再地沉浸在自己的感情之中。比较大型的动物，例如马，象征你操控潜意识能量的能力，想让它帮助你处理日常事务。梦见被弃养的动物，除了反映出你对爱与情感的需要之外，**也代表你忽略了自己比较好玩的动物面向**。

行动

这个梦是要你注意在某些生活领域中，你可能忽略了自己的需求。**你可能花了很多时间在照顾别人的需要，却没注意到自己真正需要什么**。你也许希望别人肯定你对他们的关怀和照顾，但他们好像认为理所当然。动物无法开口表达它们的需要，但你可以大声说出自己所关注的事情，**大声说出你需要什么**。

背景

我们最先学会表露情感的对象，除了自己的父母之外，通常是可爱的动物玩偶，例如玩具熊之类的东西。这些动物玩偶会成为我们无条件付出的感情对象，而且我们也常常认为它们也一样爱我们。等我们逐渐长大后，也许我们会饲养宠物，一样无条件地付出关爱，并希望它们会同样地爱我们。这些惹人怜爱的玩具和宠物，正代表**我们人类对于爱与被爱的本能需要**。

57 被僵尸追逐

梦境

你大白天在公共场合里，发现自己正被一群僵尸追逐。它们的行动非常迟缓，而你使尽全力向前飞奔，但你就是不明白它们怎么还是紧跟在后。尽管你竭力躲避，可是完全没法阻止它们的前进。它们迟缓地走来，像是要把你变成跟它们一样的活死人。虽然僵尸是最常见的追兵，你有时候也可能梦见吸血鬼或狼人追赶你。

意义

梦见僵尸追赶，表示**你在日常生活中因为某些重复性的例行活动而感到不耐烦**，觉得自己只是在应付。这些例行活动常常跟你的工作有关，往往是些麻痹心灵的任务，让你的生活元气尽失。因此，你觉得自己没什么时间和精力去追求自己想要的东西和梦想，导致你可能放弃自己最珍贵的计划，特别是感觉到在同侪或父母的压力下做出如此选择时。虽然你以为自己的愿望早已“安息”，它们其实一直**潜伏在地狱的边缘**，等待你让它们起死回生的机会。

僵尸们蹒跚迟缓地前进，代表**你对自己的工作没有太大起色感到忧虑**，尽管你似乎已经使尽全力。害怕被抓到的恐惧，表示你害怕被目前的工作困住，担心它会完全摧毁你的精神。僵尸拥有体现你真实愿望的潜力，只要你能让它们恢复生机和活力。梦见被吸血鬼追赶，代表你的精神气力都被某种不健康的爱恋关系吸干了；被狼人追赶，表示家庭的羁绊让你没有时间追求自己的梦想。

行动

这个梦是提醒你拥有某种独特天赋，但你自己却忽略了。虽然你认为展现这项天赋的时间早已一去不再，但现在该是时候让自己的努力恢复生息。让你的想法和计划起死回生，重新点燃自己的梦想，你才能感受到生命的真正意义。**僵尸会吃人的大脑，而这个梦就是要你运用大脑，从驯服和僵化的环境中解放自己**，把自己的独特天赋发挥出来。

背景

僵尸看起来很可怕，而我们最大的恐惧不是因为它会吃人，而是害怕跟它们一样会陷入死气沉沉的地狱边缘。由于各种类型的僵尸影片的上映，如1968年乔治·罗梅罗导演的经典影片《活死人之夜》，僵尸已成为当代流行文化的一部分，这些影片的灵感来源于古代巫师控制尸体的传说。1926年弗里兹·朗导演的电影《大都会》，僵尸象征着被资本家老板剥夺个性的工人。

58 陌生的城市或街道

梦境

你梦到自己置身于陌生的城市或街道。虽然建筑物、道路和天际线看起来似曾相识，但整个场景就是不对，像是被移位了似的。也有可能是阳光或路灯光线看起来很诡异，通常是显得太过明亮或暗淡。你可能会看看街道名称或路标，想找出自己的位置和方位。你没有静静地待在那里，而是选择了一个方向就开始前进，希望可以发现一些熟悉的景点、建筑或标记。

意义

梦见城市，表示你正在从更广泛的角度分析自我，包括这一生累积下来的经验和智慧。城市代表你更为开放的公共身份，而那些建筑物则是你多年来跟许多人建立的人际关系。街道代表这些人是怎么跟你相互连接的，而天际线则是从你目前角度看去最为醒目的人物景象。看似熟悉的城市，但街道和建筑物像是被移到不同的地点，表示你现在正思考自己一直以来所形成的认知，从一些不同的观点中重新省思。

你看到诡异的光线，表示你正以全新眼光看待过去累积的经验和知识，思考如何运用这些资源来创造新机会。你想**了解自己的方位和位置，代表你多方地探索新机会**，以更加认识自我；而寻找路牌、标志，通常表示你正在找寻信号，以确认自己的意图。尽管城市看来熟悉，似乎也没什么变化，其实**它一直在变动**，并充塞着各种喜怒哀乐。这跟你自己的情况可能很类似，你对于现况也许感到高兴，也不想有什么变化，但在**你的自我里有一部分却置身其外**，不断地观察和省思，想为你寻找新机会。

行动

尽管你可能对目前的生活感到满意，但这个梦所传达的信息是：有一部分的你一直在进行探索，寻找一些新机会，让你能够跟自身以外的什么东西相连接。这并不是说你目前的生活一定要有什么改变，不过**你正开放自我，从中累积更多的经验和智慧**。当你探索以不同的方式来分享你的领悟和体会，你会发现不但自己的眼界更开阔，同时你也成为他人进行自我引导的好榜样。

背景

人类的城市由来已久，可以说这个创造是美好的，城市提供我们丰富的资源，其中充满了各种各样的可能性。犹如我们的认知和意识一样，**城市看起来可能一成不变，但它其实正在不断地变化和发展**。这种持续不断的改造重建，从我们以进行式building来描述建筑物，而非过去式builded或过去分词built即可得知。同样，我们也在不断发展，不断自我完善，并把我们的经历变成阅历和智慧。

59 结婚或离婚

梦境

似乎费了好大一番功夫组织和规划之后，你终于步上红毯，走向结婚礼堂。虽然典礼非常盛大，但你觉得自己好像是被迫才结婚的。你怀疑自己即将要做的承诺，不知道自己能否信守誓言。有时候**你在梦里并不能肯定自己要跟谁结婚，只知道非结婚不可**。或者你可能梦到自己正要离婚或已经离婚了，尽管你在现实生活中的婚姻非常美满。

意义

梦见自己结婚或离婚，代表你在实际生活中正考虑某个重大决定或承诺。婚姻象征两个对立面的成功联盟，因此这个梦说的是，**你正在协调自己生活中两个不同的面向，并使之结合**。可能是你正准备成立自己的家庭，开始思考家庭和工作义务两方面该怎么调配才会平衡；也可能是你在目前的工作之外，又新增了什么决定，而你思考的是要怎么把这两方面拉在一起。虽然你知道要同时兼顾两方面，在理论上应该办得到，但实际上你只有非常窄小的空间可供腾挪。

如果你觉得自己是受到驱迫或压力才结婚，表示你最近才做出的那个决定，给你带来了非常大的压力。对于即将担负的工作重担，尽管**你私底下感到焦虑，却还是装着若无其事的样子**，安抚大家你一定能做好。不知道结婚对象的身份，表示你并不确定自己对什么做出承诺，但你怀疑将因此花费许多时间。梦见离婚，代表你在日常生活中，发觉自己对某些特定义务花费了太多时间和精力，它已经让你的生活失去平衡，因此你想喊停。

行动

这个梦的信息是：**你正在平衡自己做出的决定和承诺，希望信守自己对他人的诺言**。可是要同时兼顾这么多的义务显然非常不容易，你可能马上就会觉得自己力不从心，无法平衡你对他人应尽的义务和自己的需求。你不应该过度担心对他人的承诺，而是要花点时间想想，你自己有什么需求。你越能平衡自己的需求和愿望，你就越清楚自己需要跟他人妥协到什么程度。

背景

与伴侣结合，承诺终身不离不弃，是我们在一生中做出的最大决定之一，因此结婚在梦里就象征着深刻而长远的承诺。结婚是喜事，也是**力量和抚慰的巨大来源**，同时婚姻也是相互妥协相互适应的，我们必须在真挚忠诚的相互关系中，平衡双方需求。婚姻关系是双方利益与需求的有力结合，如果做不到这一点，最后可能就会离婚。

60 黑暗的地下室

梦境

你听到地下室传来奇怪的声音，虽然你不想理它，又觉得自己应该调查清楚。当你打开地下室的门时，感到非常害怕，因为不知道那底下或者发霉的角落埋伏着什么。你提着照明设备，惴惴不安走下楼梯，**恐惧的阴影投射在潮湿的墙壁上**。地下室也可能淹水了，你担心会有什么可怕的东西跳到你身上，不过最后找到声音来源时，你却惊讶不已。

意义

梦见地下室发生什么事情，通常是代表你在日常生活中逐渐意识到自己的某些本能行为，以及它们该如何公开呈现。房子代表你自己，**地下室就是你的本能行为**，它是你采取行动的潜意识基础。这个梦表示，虽然你想忽略自己的本能行为，但某些情况会把它们提升到你的意识层面。当你在探索这些本能行为时，你可能会感到焦虑，因为在你性格的那个**未知领域**，你并不知道其中潜伏着什么。当你试着辨识、了解这些特质，它们通常显得比实际上更为黑暗而且可怕。

梦中的地下室常常会淹水，因为水象征着情绪和情感，而那些本能行为通常是由感性思维所驱动，而非理性思维管制。梦见霉菌或蕈类，表示你的本能具有巨大的成长潜力，你真的需要开始探索它们了。**你最害怕的是，自己可能被那些本能和冲动所操控，给自己带来讨厌的干扰**。但是，你对自己的本能行为越了解，你就会变得越坚强。尽管你可能想隐藏自己的那些本能行为，因为你还不知道它们到底是什么，但记住，它们可是你个人性格的基本组成要素之一。

行动

这个梦是提醒你注意一些可以深入检视自我的可能性。检视自己的深层动机，有时会让你感到相当不安，但认识到这些内在动机，通常可以帮助你追逐希望实现梦想。尽管**探索过去的经验，可能会挖掘出许多被隐藏的黑暗面，但它们通常能够提供重要的信息和资源，让你的日常生活更安定**。

背景

房子代表自我，而地下室就是内在心理中不常拜访，却是支持其余部分的基础。地下室代表储存基础经验的心理空间，正如儿童听的童话故事中，常有地下室躲着怪物的情节，因此把它封存起来，不去注视它，似乎显得比较容易。地下室通常设有水管或暖气设备，似乎会发出种种奇怪的声音，当房子出现不能搞定的问题时，我们才会进入地下室查看。

61 碰上战争

梦境

你碰上一场严重的军事冲突，历尽艰险死里逃生，躲到安全的地方。四周都是隆隆的爆炸声，子弹呼啸而过，真是惊险万分。虽然你竭力避免卷入冲突，也不想参加战斗，但你发现自己逃跑时碰上敌方，不得不采取防卫和抵抗行动。或许你还要领导一群人，一起逃向安全的地方。

意义

梦见置身战争之中，表示你在日常生活里正经历让你紧张的事情。虽然可能不是与他人的公开冲突，但是**你心里却好像有一股无休无止的隆隆炮火在响**，不管你怎么做都难以找到避难所。如果发生一些你觉得难以解决的需求冲突，通常就会造成你的紧张。或者是**为了跟他人和平相处，而强迫自己做一些你其实不愿意的事情**，也可能造成这种情况。你觉得如果老老实实地说出自己的想法，很可能带来很大的破坏，你跟他们之间的关系可能因此结束。

尽管你严密控制内心的冲突，它仍不断意外迸发，造成一些你不乐意见到的损失。你必须一直很小心自己说出口的话，以免引发争议或口角，你总是担心会惹恼其他人。虽然你很想好好地解决这个情况，却发现自己执着于**自我防卫**，让你的对手感受到相当大的敌意。在你处理自己内心冲突的同时，也许还要解决团队或群体中相互矛盾的需求。一旦协调不顺利，大家感到沮丧和紧张时，你就会成为众人泄愤的目标，令你十分厌恶。

行动

这个梦的信息是：你很想避免冲突，却因此造成心里的莫大紧张。你越想逃避，躲开这场冲突，就越可能被这个情势所控制，反而被拖到这个冲突的正前方。在这个状况下，你不该逃走，最好的策略是**和盘托出自己内心的冲突，公开而诚实地面对它**。虽然你可能因此觉得自己很脆弱，但如此一来你才能获得发号施令的权力，安全地解决这个问题。

背景

虽然很多人不曾遇上战争，但媒体上充斥着冲突的影像。许多电影和故事也都以战争为背景，知名的影片故事更是以逃亡和躲避战火为主题，例如约翰·斯特奇斯1963年导演的经典影片《大逃亡》。我们的日常用语中，也袭用许多战争或冲突术语，例如“采取防卫看法”“巩固自我阵地”，还有“发射信号”“趴低一点儿才不会中枪”等说法。

62 盗匪闯进家里

梦境

你自在地一个人在家，通常是在楼上房间，已经上床准备睡觉，突然听到屋外传来一些不寻常的响声。起初你感到有些害怕，担心可能有人闯进来，不过你向自己保证一切安好。接着你听到另一个房间有什么东西在移动的声音，你意识到一定是小偷跑进来了。虽然你想上前阻止，又怕他们伤害你，因此你不敢面对他们。你最担心的是，他们可能会偷走你所有的贵重物品，破坏你的房子。

意义

梦见自己的房子被小偷闯入，表示你在日常生活中感觉到有些不喜爱的事物**侵犯你的私人领域**。房子通常代表你自己，而你自己一个人在家里，这是你感觉最安全的时刻。你的床象征着你的私人空间，你躺在自己的床上感到轻松自在。屋外的不寻常响声，表示你的日常生活中有**某些事情正在发生变化，并在某种程度上威胁到你的安全感**。这种变化其实也可能是个好机会，但其中某些元素让你觉得自己被侵犯或打扰。虽然你试着说服自己一切安好，但这个状况已经开始让你觉得不太舒服。

意识到盗匪已经闯入家里，代表你对私人空间遭到入侵感到无助。虽然你在日常生活中，想直接面对那个闯进你私人领域的人，但又觉得他提供的这个机会也许对你有害。梦里的贵重物品，代表你最珍惜的个人特质，因此这个侵入在某种程度上削弱了你的自我价值。不管这个机会多么难得，你有多高兴，你都必须先保护好个人领域，切勿轻易放弃珍贵的自我。

行动

这个梦给你提出警示：由于某人介入你的私人生活，令你感到不安全。虽然你性格外向，也相当随和，但你担心此人不知道你的真正价值，把你的所作所为视为理所当然。**你不能放任他人予取予求**，利用你的宝贵技能和得之不易的经验优势，而是**要建立一些个人界限，让对方明白你对他的价值**。更坚定表明自己的价值，你就会感到更加安全。

背景

正如我们的房子里收藏着一些贵重物品，房子里也包含了珍贵的隐私和个人空间。房子失窃所带来的冲击，通常不只是贵重物品被偷，还包括个人空间遭到入侵。我们虽然欢迎别人进入自己的个人空间，但如果他们未经允许就擅自闯入，那绝不会是受人欢迎的造访，而是令人厌恶的侵犯，没有任何愉悦可言。在人际交往中，有人闯进我们的个人空间，通常不会带来什么伤害，但是这会令我们感觉不自在，无法表现出真正的自我。

63 错误的证件

梦境

你交出自己的证件，却被告知是错的，令你感到惊慌。也许是在边防或海关出示护照，或者在火车上接受验票。你相信自己的证件或车票是有效的，但对方却不肯放行。或者你的证件记载不完整，或其中记载了别人的数据。通常对方可能会要求你签名以证实身份，但不管你多么努力，都写不好自己的名字。

意义

梦到自己的证件出现错误，代表你在真实生活中正试着**表明自己的真实身份，寻求他人的认可**。然而你在说明自己的身份时，可能遭遇到什么困难，而这个状况让你和他人都感到困惑。**最能准确表明身份的，就是你的行为**，因此你的真实身份通常会在你的行动和所做的选择上反映出来。尽管你想不受限制地采取某些行动，做出某些选择，却又常常觉得自己不够格，因此一再地寻求他人为自己的企图和决定背书。

你在熟悉的地方或许能够自在地采取某些行动，做出某些选择，但是要穿越边防和海关，代表你即将进入陌生的领域。**护照象征你经过验证的正式身份，而旅行时的车票、机票代表你做出特定决定的权利**。在自己的证件上看到别人的资料，代表你觉得自己有点像是冒名顶替的家伙，或者正指望某人给你指示，你才敢继续向前走。我们靠双手创造、塑造自己的未来，因此颤抖的手代表你发现自己难以做出决定，无力付诸行动。尽管你知道自己有能力迈出下一步，却觉得需要某种正式的批准才能这么做。

行动

这个梦的信息是：你希望验证自己的独特身份，但你大部分时间都花在寻求他人的认可上，希望他们认识你的独特性，希望他们允许你成为你自己。**你不该坐等他人给你许可，而是要破除那些自己设置的障碍，公开宣示自己的身份**。尽管受到他人的正式承认，可以带来一些安慰效果，但是决定自己是谁，选择自己要成为什么样的人，这个终极权利完全操诸你手。

背景

我们跟官方机构打交道，验明身份是必要的步骤，在我们拿出证件证明身份之前，谁也不敢肯定我们是谁。能够验证身份的重要识别之一，就是我们的签名，而我们小时候最先学会书写和辨识的事物之一，通常就是自己的名字。尽管我们的证件有助于验证外在身份，但我们必须了解自己的真正需求和潜力，才能找到无穷无尽的机会，这是身份证件无法提供的。

64 身陷茂密森林或丛林之中

梦境

你想穿越一片茂密森林或丛林，走到外头更空旷的地方，可是你走的那条小径却变得越来越窄，越来越模糊。两边的树枝密布，划过你的脸，脚下矮树丛生，常常勾住你的衣服。树很高，有的已经倒下，树干挡住去路。你听到身边传来窸窸窣窣的怪声，阴影下似乎有什么黑影在移动。虽然很可怕，你还是继续往前走。

意义

梦见身陷在森林或丛林深处，表示你在日常生活中正意识到自己个性上的某些陌生面向，并认知它们的成长潜力。**森林象征你的潜意识和那些过去不曾察觉到的面向**，经过这么多年它们已然成长甚至成熟。尽管你在意识上并未察觉这些领域，但在真实生活中的某个情况已迫使你深入探索它们。这通常是由于你想到或碰到一些跟过去有关的事情触发的，你想知道过去那些事情对你造成了什么影响。**你想穿越丛林到空旷之地，表示你想好好厘清那些事情所带来的困惑和谜团**。

虽然你认为有个明确的问题需要解决，但在你开始自我探索之后，却发现这个问题越来越模糊。那些刷擦到脸的树枝和钩到衣服的矮树丛，表示**你正在思考自己的身份，以及自己到底是个什么样的人**。当你向前展开旅程时，会碰到由于过去的某些习惯所造成的障碍和堵塞，而这正是你直接面对或想要绕开躲避的挑战。窸窣作响和黑影移动代表你的本能冲动，你担心它们在某种形式上可能损害你。虽然状况有点可怕，你对前方仍然满怀信心，等到深入探索后，你开始了解这个情况的根源到底是什么。

行动

这个梦的重点在于：你可以从自我的内在中找到丰富而多样的资源。虽然那些领域可能显得神秘而难以控制，但它们对于你的个人成长非常有益，可以为你提供珍贵的信息。当你继续自我探索的旅程，最重要的是**不要忘记自己来自何处，又要去向何方**。你要选择自己要走的路，顺着走下去，不要被其他人建议的诸多路径吸引而分心。

背景

我们初次知道的神秘森林，通常源自魔法森林之类的童话故事。童话中的森林常常拥有什么珍贵东西在里头，但必须具有异常的勇气和毅力才能找到。森林和丛林也是**某些神秘人物的庇护地**，例如力量强大的罗宾汉或亚马孙部族。在我们内心的某处也有一座野生密林，我们在那儿都能找到真正的自我。就像我们梦中的森林，在真实生活里，那些我们过去不知道的心灵领域其实正是个庇护所，让我们得以休养生息。

65 神秘走廊或通道

梦境

你在一幢建筑物里进行探索，打开一道门后发现前方是一条向前延伸的神秘走廊。走廊很长、很长，在远处弯曲，看不到尽头，廊上有很多关闭着的门。走廊可能很明亮，光线充足，也可能看来幽幽暗暗，像条阴暗通道。在这条走廊上探索，**你步步为营，因为不知道再往下走可能会碰到什么**。当你沿着走廊开始向前走，鼓起勇气打开一些门后，通常会发现里头有些令你惊讶的东西。

意义

梦见神秘走廊，通常反映你在日常生活中碰到改变生活的契机。那幢建筑物不是别的，其实就象征你自己，而那条走廊正是你必须跨过的界线，只有这样才能找到那些新机会。你所打开的门，代表你在真实生活中跨过的界线，它会向你展示出一条蕴含许多新机会的通道。在你眼前展示出来的诸多行动道路，有些可能比较清晰、明亮。如果只看到几道门，表示你可能只有那么几个选择方案。如果梦见非常多道门，表示你的选择多到自己不知道该怎么办才好。

那道**走廊也可能像座迷宫一样**，你打开一道门发现里头又是一道走廊，走进去又发现另一道门、另一条走廊，到最后你就完全迷失方向了。如果是这个情况，代表你感觉一直被迫做出选择，结果让你距离自己想去的地方越来越远。**冒险走进通道也是一种跨越的仪式，经过那个节点后你就告别过去，全心全意奔向未来**。你沿着通道探索，通常正是在探索那些过去不了解的可能性，但不表示你会碰到不愉快的惊吓。这道走廊通常会让你更加肯定自我，珍惜你所有的才能和资源。

行动

这个梦反映出**你正进入一个转变期，必须做些抉择**，看看怎样对你最好。尽管你觉得自己被迫沿着特定路径走，你还是拥有一些权利做出新的选择。要跨过那道门坎，你可能会觉得焦虑，但那会引导你走向生活的全新领域。你想做出满意的选择，最好的方法是花点时间去**探索眼前的各种机会**。

背景

建筑物里的房间，象征你性格上的不同面向，而走廊就是代表你在这些不同的面向之间游走，在这个过程中，你可以发现许多原先不知道的机会。所有文化都会有一些“跨越”的仪式，庆贺那些仪式参加者成功跨越某个重要阶段，继续向前开展新局面。这种探索自我的过程是一种本能，它的本身就是人生动态的展示。英文中的“走廊或通道”（corridor）来自意大利文的correre，词义是“奔跑”，因此也蕴含着**生命从一个阶段自然过渡到另一阶段的意思**。

66 怀孕

梦境

你的肚子变得很大，你意识到自己已经怀孕，准备要生小宝宝了。虽然宝宝成长的速度似乎快得不太寻常，但他好像还要一段时间才会出生。你挺着大肚子，行动变得很笨拙，在生活中四处走动都不太方便。等到分娩时，可能会生出什么怪物之类的东西，也许生出了个很丑的婴儿。或者，你也可能梦见自己流产或堕胎。

意义

梦见自己怀孕，通常代表日常生活中等着完成的计划和方案，可能必须花费很多的时间。**怀孕期代表你制订了某项计划，即将付诸实施**，而这个梦是告诉你必须**要有耐心**，提供足够的资源才能确保它顺利诞生。这项计划也许是最近才拟定完成，不过要实际去实行可能还需要一段时间。计划带来的责任会让你感受到更大的压力，这是你过去的生活中所没有的，你觉得担子很重，同时你也可能因此发现自己无法像过去那么自由，无法参加其他活动。

当那个婴儿终于诞生之后，**你可能感到失望，觉得他并不符合你原本的期望**。如果他长得有点难看，或者看起来不太寻常，表示你在个人的发展上必须更加努力。虽然觉得有点失望，你还是创造出一个健康而充满活力的东西，过段时间它就会变得更漂亮。梦见流产或堕胎，代表你在无法操控的外在因素影响下，认为某项计划可能必须中止。正如最有价值的经验需要时间去累积一样，播下种子、生根发芽、茁壮成长这个过程，通常也是需要一段时间的。

行动

这个梦的信息是：你即将创造出某些很棒的东西，但你不能操之过急，要让事情自然地向前推展。**行动的关键不是紧盯着结果，而是在这个伟大契机到来之前，让自己做好准备**。你要耐心等待，让它自然而然步上轨道，如此才能随着时间成熟发展。这个等待的过程可能很辛苦，却也是你孕育梦想得以成功的最好机会。

背景

怀孕是影响力最大的人类境况之一，显示我们调动资源和创意思维，**创造及延续新事物**的能力。在所有的人类文化里，都有祈求繁衍多产的仪式和相关符号，例如复活节彩蛋和埃及青蛙等。我们的语言对于想法、计划的描述，有很多都跟怀孕、生产有关，例如“孕育新想法”“新概念的诞生”或者“丰富多产的想象力”，对于期待某些事物的降临，我们也会说是“孕育期”。

67 潜在的致命伤害

梦境

你原本在进行一些日常活动，却突然发现自己遭受攻击。不知道从哪儿冒出来的暴徒，在你还搞不清楚怎么回事时，突然对你施以致命一击。他们所持有的武器，通常是像菜刀或锤子之类的东西，在他们展现杀人意图之前，完全没有任何预警。尽管你受到要命的伤害，你比较关切的还是动机问题，**你不知道无辜的自己何以被挑中承受这个致命攻击**。

意义

梦见自己遭受致命伤害，表示你在生活或工作场合可能碰到某个状况，它让你**觉得自己的心理严重受伤**。这个心理伤害可能是亲密伙伴或爱恋关系的断绝所导致。你不知道那个凶手从哪儿冒出来，表示你完全没预料到会发生这个事情，令你措手不及。尽管你先前以为双方关系良好，现在却觉得自己的生活好像被撕裂开一样。攻击者的武器通常是日常用品，代表这件事的起因可能就是平常的琐事，也许就是家中或工作场合中的例行事务所引发。

你最关切的不是受伤程度，而是自己为何遭受攻击。虽然你可能觉得自己是无故遭到攻击的无辜受害者，但很可能是**你自满于目前的关系，才没看出某些紧张酝酿膨胀的预兆**。这些警告信号可能相当隐晦而诡秘，如果你事先能够有所察觉，必然可以帮助你更有效地处理这个状况。不知自己为何被挑中，代表你很焦虑，担心伙伴关系破裂后，你会是孤零零一人。要是梦见自己死亡，通常指你与对方的关系正在发生根本性的改变，那个可能致命的伤害代表你必须继续向前走，改变自己的生活。

行动

这个梦的信息是：**你对于某段伴侣关系或伙伴合作太过自满，可能会让你感到非常失落**。不过我们在对待伴侣的态度上，经常显得太过偏执而疑心重重，当你不断怀疑他们时，可能更容易感觉自己是个无辜的受害者。我们不该武断地认为自己的伴侣必定会守候着我们，而是要主动而诚实地跟他们沟通和联系。你越是重视你们之间的关系并尊重对方，你们之间的关系越不可能突然破裂。

背景

对于我们现代人来说，非常幸运的是，那种潜在的致命威胁其实相当少见，不过当我们说到“分离”时，还是常常会用到一些象征“暴力”的形容语句。当我们说到财务状况时，可能会说某项资金“被严重削减”，某个计划“被砍掉手脚”，或者某项公共服务“被砍掉了”。对于感情上的创伤，也有“心如刀割”的说法，或者好像“脸上被打了个耳光”。

68 花园中出现动物

梦境

你轻松愉快地待在自己的花园里，突然听到灌木丛沙沙作响。随着枝叶颤动，那里可能有某种动物存在。虽然你看不清楚那是什么动物，但你觉得它可能会伤害你，因此你想赶快回到屋里去。当你冲向门口时，那只动物可能从树丛蹿出，从后头扑向你。即使你已经躲回屋里，它的爪子可能伸进门里，或者正猛力拍打窗户。

意义

梦见花园里出现动物，表示你常常思考如何在社交场合上控制自己的本能冲动。你的房子象征你自己，而花园通常代表亲密的朋友和你刻意栽培的人际关系。**花园里的植物通常依照自己的节奏，自然地生长和开花，正如你培养的友谊一样**。那些灌木丛代表你的人际关系中，那些未知和尚待探索的领域。花园中那些未经规划和整理的地方，表示你跟他人的联结中具有潜能的部分。这个梦意味着你对自己在人际关系中的行为有所疑虑，你正在检视一些迹象和线索。

野生动物代表你自己本能和冲动的那一面，是在**与他人交往时往往刻意压抑的部分**。你在梦里感受到的威胁，是在自己寻常接触的社交环境中，有某些事物可能会触及你的本能冲动，诱发你表现出原本性格，甚至导致失控。让你感到害怕的是，如果不能遏制这些本能，它们也许会危害到你刻意展示的形象。梦里的动物像是要闯进家里，其实是代表**重新发现自己内在力量和智慧的机会**。那只出现在花园的动物，通常就是你主张自我的信心和权利。虽然你想驯服、规范自我本能，但有时候也该不加拘束地承认它们的智慧和能量。

行动

这个梦所揭示的信息是：你担心自己在社交场合的表现太过于鲁莽。然而当你出门在外跟朋友或同伴在一起时，这样的担心可能反而让你显得非常不自然。虽然压抑自我好像比较安全，也比较容易让别人接受，但这也意味着他们错过了了解你真实的、具有个人风采的机会。**给自己多些空间来表现真实本性，你会发现自己更能挥洒自如**，你的社交生活也会变得多彩多姿。

背景

在我们小的时候，去自家花园通常是第一个让我们体验室外活动的场所。花园开拓了我们的意识认知，充满了许多过去不常碰到的景物、声音和气味。虽然花园可以是培育和照顾花草的产物，不过亲近大自然也会让我们更接近与生俱来的本能和冲动。园中的植物和花朵，都有它们的自然节奏，依循着自然的周期。尽管在英文里，指明某事物平凡无奇有common or garden的说法，但“花园”在梦中指的，却是自我中比较偏向自然的部分，并非不值一提的东西。

69 躲避龙卷风

梦境

梦中的你，一开始是在安全的地方，例如你家，但通常会有一股非常不祥的预感，觉得有什么灾难即将发生。然后你遥望远方，看到昏暗的天空有一股破坏威力强大的暴风正在逼近，那股暴风通常像是个正在旋转的龙卷风。**你也许可以逃，但它似乎一定会在混乱中追上你**。或者你没逃走，而是紧紧地抓住什么坚固的东西，意识到暴风在你周遭带来非常严重的破坏。

意义

梦到天气主题，表示你正在思考那些日常生活中不可控制的意外事件及其结果。**就像多变的天气一样，我们的生命中也有某些面向是不受自己操控的**，当你感觉这些面向可能带来一些破坏时，这样的梦就可能出现。在梦中，天空代表你的思维，因此这场即将到来的破坏可能会给你带来一些负面想法。猛力旋转的龙卷风，代表精神上或心理上的大混乱，你当然不想卷入，因为你知道这会让你很难过。但你很容易就被负面思考笼罩住，难于挣脱。

要是可以置身事外，离开这个发展中的情况，也许就可以避开暴风的袭击路线。假如死活都闪躲不了，想不被卷走的最好办法，当然就是在真实生活中拼命抓牢某些坚固稳定而安全的东西。**就跟暴风眼一样，它是气旋中气候最为恶劣的地带，但暴风眼处却云淡风轻，你在经历了最痛苦的磨难后，你的思维和视野也会变得更开阔，心境更平和**。你控制不了这场思考的风暴，只能躲着等待状况过去。等风暴消退之后，你就会发现自己比想象中还要坚强，很多不必要的焦虑也都被吹跑了。

行动

这个梦是一种预言：在你的日常生活里，有某阵改变之风可能就要开始刮起。虽然你可能无法阻止这场转变，但你仍然可以善用它的破坏威力，为你带来最大益处。你不能只是等待危险和混乱逐渐逼近，而是应该**提早规划，确保自己和周围的人都可以得到照顾**。虽然在暴风袭击下很难站稳脚跟，但抓紧自己知道而相信的东西，就比较容易挺过风暴而毫发无伤。

背景

对于笼罩每一个人的空气，我们常常并未知觉，也往往把大气层看作是一个巨大的空间而已。因此当这个明明没有东西的空间竟然酝酿出毁屋拔树的巨大威力时，当然让我们很惊讶。龙卷风往往出自多变而暴烈的天气状况，例如大雷雨时空气中充满了威力强大的气流。这种狂暴的天气形态，正代表**我们内心的风暴，通常不知道从哪儿冒出来**，它给我们的日常生活带来威胁和破坏。

70 机械故障

梦境

有一台一向运转良好的机器开始出现故障，也找不出什么明显的原因。你可能是利用它来处理一些简单的日常事务，但它就是**不能跟过去一样发挥作用**。尽管你多次启动开关，高声斥责，还从旁边用力敲了几下，它就是不肯乖乖听话恢复正常。这台机器也可能完全失控，威胁到大家的安全，变得很危险，让你觉得它像是拥有自己的生命一样，你完全控制不住。

意义

梦见机械故障，通常表示在你的日常生活中某个原本可预期的情况，如今已开始变糟。如果是你跟他人的沟通出现问题，也可能会做这种梦。**你们之间往往都是以熟悉和习惯的方式来沟通，你可能因此视为理所当然**，所以你总是期待对方按照以往的方式来响应你。这样的期待和假设，可能会让你在沟通出现问题时变得紧张，心中有压力，当紧张和压力累积到一定程度时，整个沟通就会失灵。这时候不管你联络得多频繁，叫喊得多大声，他们就是不肯乖乖合作，以你期待的方式来响应。

你不想改变自己，而只是想改变对方，希望他们继续以你所期望的方式来行动。也有可能是其他人变得不理性，而威胁到你们的关系。恢复健康关系的关键是，别再把自己和其他人当成机器。我们很容易以为别人都该自动自发，随时准备做出响应，要是出现问题，只要通过简单改善做事的行为就可以解决。别人自有他们的生活，尽管你可以跟他们合作，甚至你的影响力很大，但你不该操纵他们。操纵式的关系最后都会崩塌的。

行动

在这个梦里，你得到的警讯是：你一贯依赖的与某些人的沟通方式很可能就要出问题了。这种问题在双方关系上可能常常发生，表面上看来似乎一切正常，但里头潜藏着危机。这种危机随着时间而积累，在某个特定事情的拉扯下就可能造成你们之间的关系断裂。你**不要在关系出问题之后，才急急忙忙地去弥补和修复，应该平时就相互了解，强化双方的沟通质量**。如此一来，你才能确保在关键时刻，他们会在原地守候着你。

背景

我们人类和其他多数物种之间的主要差异之一，就是我们具有使用工具的能力。长久以来，人类习惯运用工具和机械，它们几乎已经成为我们行动的一部分，甚至就是我们自己的延伸。而这样的习惯行为以**拟人化的形式表现出来，就赋予了机器设备“人格”**，例如给我们的车子或乐器取名字，就好像我们对待宠物的方式一样。这个状况也反映在语言上，我们以描述机械的词汇来形容人类，例如某人生闷气时“像只压力锅”，某人“就像钟表一样”很准时。

71 变身超人

梦境

你面对某个非常糟糕的状况，却完全没办法阻止。也许是迫在眉睫的天灾，或者出现一只大怪兽或超级坏蛋。对于即将到来的危险，你奋不顾身地想要保护自己所爱的人，此时你突然意识到自己拥有超级神力而欣喜不已。你以前都不知道自己这么厉害！现在你发现自己力可拔山，眼睛还能射出激光线，**你抵挡住死亡和毁灭的肆虐，保护了每一个人的安全**。在你击退坏蛋、阻止灾难之后，你又恢复成原来的自己。

意义

梦见自己变成超人，通常是因为自己在日常生活中觉得被什么东西困住，感到无力。那个让你觉得为难的情况似乎无法解决，也不能闪躲，因为它已经是你日常生活的一部分，过去你甚至会觉得这就是正常的情况。这有可能是你必须处理的家庭的紧张关系，或者某个长期的健康问题，**你既无法解决也逃避不了，感觉就是个无止无休的折磨**。尽管你认为这个情况似乎毫无解决的希望，但这个梦要说的是，你其实还是能够有效地解决问题的。**你的超人力量代表你拥有一些非常厉害的内在资源**，它一定可以让你克服日常生活中令你感到无能为力的挑战和难关。

当你面对难题，做出选择，采取行动时，你就可以掌握这些超级神力。大多数超级英雄的重要特征，是他们都拥有是非分明的道德感。尽管你不断地面对艰巨挑战，你也绝对不会逃避，永远坚持做对的事情，保护每一个人。你的所作所为不在于自身利益，对于正义的坚持让你**拥有移山填海的神力**，以及能够看透问题本质的聪明才智。在你解决问题，确认每一个人都安好之后，你才会花点时间来照顾自己的需求。

行动

这个梦表示：你拥有的力量，远比自己知道，或别人以为的还要强大得多。但是你只有在挚爱发生危险时，才会发挥实力。不过，在你解救所爱的人，似乎又回到原本的自己之后，你还是有能力调用资源、集结自己的力量。**你不必等待谁来解救你，你大可运用自己的力量提升自我，自由前往想去之处**。

背景

我们一直以为关于超级英雄的故事是现代才有的，大概起源于1932年西格尔和舒斯特的《超人》漫画，实际上早在我们的老祖宗年代就有那些超级神力的故事了。在希腊神话里，最有名的超级英雄之一就是无敌战士阿喀琉斯，他就像现代的超级英雄一样，但是他也有超级神力无法保护的弱点。就跟超人害怕氪元素一样，阿喀琉斯的弱点在于他的脚踝，因此如果你不花点时间好好照顾自己的需求，你保护他人的能力也可能因此减弱。

72 陌生人传达信息

梦境

你碰到一个陌生人，他说有个重要信息要告诉你。他急着要告诉你那个信息，但你却很担心，因为你以前没见过这个人，也不晓得他有什么企图。你觉得这个信息可能是个坏消息，或是一封恐吓信，或是哪个官方机构对你的警告。尽管**那个陌生人对你似乎很了解**，还是要你证明身份才能给你那个信息。有时候那个陌生人的脸让人完全记不住，或者甚至根本就没有脸。

意义

梦见陌生人带来信息，表示**你对某个状况的直觉领悟，比意识认知和逻辑思考所获得的结果还要丰富**。尽管你在理智上认为对自己非常了解，但实际上你还有许多潜能是自己不知道的。在那些未知的领域中，充满了隐藏的才能和尚未实现的愿望。其中包含着一种天生自然的智慧，但是你很难取用，因为你不知道该如何展示自己在那个未知领域中的才华。**你碰到的陌生人其实就是你自己的某一部分**，你过去对它真的不太了解，但现在它已逐渐在你的意识层面浮现出来。

陌生人要告诉你的重要信息，其实就是来自你不了解的自我，这是潜意识在提醒你注意。这个梦通常是因为你在真实生活中探索某个情境，开始发现自己过去不知道的才能。你一开始可能还不敢肯定是否要发展这些才能，甚至会觉得它们带有威胁性。那个陌生人对你挺了解的，因为**他本来就是你呀**，而他要你证明自己，就是要你充分了解自己的潜能。你忘了那个陌生人的脸，或者发现他没有脸孔，表示现在该是你面对自己潜能，开始运用自己休眠的才能的时候！

行动

这个梦的信息是：你所了解的其实比意识层面上所知道的还要多得多。你的潜意识不断从你的周围环境吸收大量信息，但意识层面却把它们过滤掉了，因此你并不知道自己接收到那么多的信息。**多加注意潜意识捕获的各种线索，你就能在各种环境中掌握那些潜在机会**。尽管乍看之下那些信息可能有点奇怪，但你很快就会明白它们的真正价值。

背景

在民间传说和传奇故事中最常出现的人物之一，就是一些来无影、去无踪的神秘陌生人，他们总会在需要的时候降临，然后再次消失无踪。后来大家才知道，原来陌生人就是国王或王后为了探查某个特定状况下的真相为何，所刻意伪装的。在一些描述新机会、新领域的故事中，例如在美国西部片里，这种被神话的陌生人角色就经常出现。诸如经典电影《原野奇侠》《荒野浪子》和《苍白骑士》中的英雄人物，都是由一个神秘陌生人来传达某个大家都该知道的宝贵教训。

73 找不到商店

梦境

你要去商店买你需要的东西，却一直找不到要去的那家店，最后终于到了那家店，又发现自己没带够钱，让你心焦不已。你想找别的东西来代替，又迟迟拿不定主意，不知道哪一样才是自己最需要的。店员通常也不能提供什么帮助，只是一味地劝你买些不是真正需要，或者是太贵的东西。

意义

梦见找不到想去的商店或购物不顺利，表示你在日常生活中有时不知道该怎么展现自己的价值。商店里充满了各种准备贩卖的物品，通常会有价格标签清楚显示其价值，而你的购买能力往往是由你的个人价值所决定。找不到正确的商店，代表你在日常生活中找不到合适的场所来展示自己的真正价值。最后虽然找到了商店，钱却不够，表示你可能找对了场子，但又缺乏信心让大家了解你的才能。

假如你对自己的能力欠缺信心，不能做那些自己真正想做的事情，你就会四处搜寻那些更容易让别人肯定你才华的机会。然而，**光靠别人来肯定自己的价值，你就很难知晓自己最珍贵的才能是什么**。依靠别人来给你价值感的想法，反映在梦中那个店员的态度上。店员之所以不能给你什么帮助，是因为他们无法帮你找到你真正的人生价值，或者他们根本就不知道你的珍贵特质。**你所拥有的最珍贵的东西，就是对自我价值的肯定**，如果你不够珍惜自我，将难于如愿做自己想做的事。

行动

这个梦的信息是：**你比你以为的还要更有价值**，但你觉得自己很难在一段关系或工作场所中发挥自己的价值。这是因为你不够珍视自我，只希望别人可以肯定你，偏偏他们都不晓得你是多么珍贵。要确保大家承认你的价值，最好的办法之一就是在**你觉得他们的要求并不合理时，要勇于拒绝，敢对他们说“不”**！如此他们才不会视你为理所当然，你也才能宣示自己真正的价值。

背景

从我们小时候第一次掏钱买糖果，商店就成为我们展示自我价值、吸引他人注意的地方。这种感觉一直延续到成年，就可能**通过沉溺于购物来填补心灵空虚，宣示自我价值**。我们通常很喜欢赶周年庆拍卖，抢低价折扣商品，是因为这种行为让我们觉得自己比想象中的更有价值。“信用”（credit）这个字源自拉丁文credere，意即“相信”。**我们越是相信自己，自我的价值也就越高**。

74 截肢或失去身体部位

梦境

你的身体遭到严重伤害，不过有一种奇特的出体感，仿佛自己是个旁观者。你所受的伤害可能是身体某部分被割裂，或者爆裂开来，内脏都流了出来。或者可能是失去重要的部位或器官，像是失去一只脚或手，也可能是被砍头。在这个残酷的场景中，尽管你受到非常严重的伤害，仍然表现得若无其事，努力想靠残缺的躯体继续存活下去。

意义

梦见身体遭受重大伤害，表示你在日常生活中觉得自己采取行动的能力正在减弱。身体的不同部位代表自我的不同目标和潜质，特定部位的肢解或丧失，代表你对生活中特定领域的忧虑，担心自己的能力或身体的各器官功能减退或自己受到拖累。如果你梦见身体被肢解，内脏外露，表示**你觉得自己在他人面前可能过度暴露或开放，忘了坚守自我的界限，也忘了照应自己的需求**。

从失去的部位，可以看出你在哪方面受挫，因此才无法发挥自己的潜能。腿提供你行走的动力，让你得以前进度日；站着要靠脚，脚也是自身价值的支点；手臂可以行动，伸展自我；**双手负责形塑和控制自己的未来**；头是思考的部位，控制逻辑和理性意识；心是感觉，并负责跟周围众人的交流和沟通。尽管你已经失去重要部位，还是努力撑着，继续自己的工作或生活。你不想找谁来帮你的忙，或许还可以继续隐瞒你的不满。

行动

这个梦是要你**找回自己的能力，以采取重要的行动**。尽管刚开始的时候，你可能觉得自己的能力有点弱，但你仍然可以针对现有的资源做最佳的运用。你要花点时间好好发展这些残留的潜力，而要找回这些潜能最好的方式，就是**开始跟他人接触**。尽管你想自己解决目前的状况，但还是有许多人乐意拉你一把，让你可以站稳脚跟。

背景

当我们描述采取行动或行动受挫时，很多词汇都跟身体部位有关。**我们常常用机械配件来形容自己的身体**，而不把它视为一个有机的整体，所以我们会说："心不在焉"；对某事不感兴趣，"没胃口"；不要感情用事，"让脑袋支配心灵"；找不到着力点或欠缺进行某事的权力，没有"立足点"。虽然我们大多数人都很幸运，不会遭受到严重的肢体伤害，但那种血肉模糊的影像在电影、电视或电玩中可是屡见不鲜。

75 困在电梯里

梦境

你在一幢高楼里搭乘电梯，准备要去某个楼层。你一定要到达那个楼层，因为你必须去那儿赶赴一场重要的约会。然而当电梯到达那个楼层之后，电梯门却卡住了，你因此困在里头。你一直按按钮，但没有效；就算你又让电梯启动，它却怎么也不肯停在你要去的楼层。有时候那电梯可能晃到让你想吐，你非常害怕它会摔到地面。

意义

梦见自己困在电梯里，通常表示你在工作中对自己的进步感到失望；**在梦里，电梯象征你的专业能力从某个众人认可的水平提升到另一个层次**。这个专业能力的提升似乎有其一定的步骤和逻辑进程。必须按几个按钮，表示有一些选择必须决定；那幢高楼代表你取得更高成就的潜力；必须赶赴的约会，表示你现在有个机会，可以达到某个你期望的目标；电梯门卡住，代表那个机会大门并未如你所预期地向你开放；困在电梯里，代表**你在这次的升迁中感觉前路受阻**。

你觉得自己像是被封在箱子里，什么地方也去不了。一直按按钮代表你想采取某些具体行动，期望自己可以持续进步，但似乎都没有什么效果。电梯到达错误的楼层，表示你在专业领域中虽然工作有点进展，但并不是朝着自己的目标前进。你本来以为自己知道想要什么，然而当你到达自己选定的目的地后，却发现它不是你真正期望着去的地方。担心电梯猛然坠落，表示你对自己的工作进展感到很不安心，担心自己可能必须重新来过。

行动

这个梦表示：你对于目前选择的职业不大喜欢，觉得不自由，你想搞清楚要怎么罢手。当你处于某个组织里，规划自己的升迁道路时，可能受制于视野不够开阔。要让**自己从封闭的电梯脱困，关键在于你要跳出现有的思考框架，重新思量自己的专业技能**。你不能只是依赖设定好的升迁路线，而是要花点心思，看看自己可以采取什么其他的办法让自己脱颖而出。你要去探索这份工作中可以**提升心灵力量的东西**，而不只是执着于职位的升迁。

背景

我们常常把都市商业区那些高耸的摩天大楼，看作是个人在专业领域成功的象征。那些在组织内部有所成就，受到众人肯定的经理人可以占用大楼顶层，要去那些较高楼层就要搭电梯。当然，走楼梯也未尝不可，但是又慢又费力，还是搭乘电梯最方便。但是贪图方便，就有可能受困其中。

76 屋顶漏水

梦境

你注意到屋子进水，后来才发现原来是屋顶在漏水。原本只是天花板在滴水，马上就变成细流，后来又变得更严重，屋内像是要遭水灾似的。水继续沿着屋内墙壁流下，你开始担心淹水酿灾。虽然房子进水严重，但**通常你看不出来实际漏水的地方在哪**。你担心漏水量越来越大，可能把墙弄垮，到时你就没有房子住。

意义

梦见屋顶漏水，通常表示你在日常生活中正解决某些情绪不稳的问题。房子的不同部分，通常就代表你性格上的不同面向，屋顶象征你寻求保护和整体安全的需求。**屋顶位于房子的顶部，也代表你的思考和想法；水则是你的情绪和感受**。因此，漏水的屋顶，代表你在情绪泛滥的情况下，感到不够理性，感觉不安。尽管你想用逻辑思考法来厘清状况，拟定最佳行动方针，却忍不住任由情绪推着你走。

漏水状况通常是由小变大，表示你慢慢察觉到你的理性思维逐渐被情绪和情感因素所渗透。而**你越是想用理性态度来处理情绪问题，你的情绪就越是泛滥失控**。房子的墙壁象征你的个人界限，压抑情感往往会导致情绪障碍，让你觉得自己更加脆弱。你担心漏水弄垮墙壁，表示你担心自己情绪崩溃，丧失自制，也无法做出好的选择。梦中的漏水量可能大到令人难以相信的程度，而这代表的是你在这个状况下的情感力量。

行动

这个梦是让你透过情感来运作一些事情，而不只是经由逻辑分析。**我们惯常排斥情绪，但情绪通常比理性分析更容易感知到自己所处的环境**。在这种情况下，你的情感正鼓励你和他人划清界限，以确保你不会忽视自己的需求。要做到这一点，最好的办法就是在你被他人的需求淹没时，勇敢地表达自己的真正感受。

背景

“漏”这个字除了形容不该有的渗水之外，也可以用来描述正常管道之外的信息传达。自以为安全而舒适的人，发现自己的信息泄漏之后，一定会拼命防堵泄漏。尽管我们可能觉得自己没什么事情好隐瞒的，但要是我们的情绪开始泄漏，不管怎么努力都难以控制时，还是会对这样的暴露感到不安。

77 遭到蜘蛛的威胁

梦境

你原本感到轻松自在，却突然发现有一只很大的蜘蛛掉到你身上。虽然你平常并不害怕蜘蛛，不过**当你看到它正在你头顶上，还是感到很害怕**。或者你发现自己身陷在黏糊糊的蜘蛛网里，你越挣扎就缠得越紧。那只蜘蛛也可能从螯滴下毒液，让你看了非常害怕，担心它可能会咬你。或者，你也可能梦见遭到巨大章鱼或海蛇的威胁。

意义

梦见被蜘蛛威胁，代表你正在为日常生活中的某个特定状况纠结，焦虑不安。情感或情绪的纠缠，对你的快乐和幸福构成威胁，因为**你担心自己受困于复杂状况，无法动弹**。这种复杂的情绪往往是因为家庭状况引发的，或者跟恋爱有关系。也许你对一段关系做出承诺之后就开始感到焦虑，担心会占用你所有的时间和精力，到最后变成一个难以逃脱的棘手局面。这个陷阱尽管很坚固，但整体而言非常精巧，是随着时间慢慢累积起来的，有许多不同的线交织在一起。

害怕被毒蜘蛛咬伤，表示你不想卷入话语争执，跟自己关系亲近的人吵架，你认为如果发生这种事一定很痛苦，而且可能让你无法采取进一步的行动来解决问题。梦见被海洋生物攻击，则是陷于某段浪漫关系中不能自拔。章鱼触角的收缩，海蛇的扭动缠绕，象征你内心深处升高的强烈情感，让你担心自己会承受不住。这同时代表你的潜意识担心自己陷溺过深，可能引发强烈的嫉妒心，变成一个爱吃醋的大怪物。

行动

这个梦是鼓励你：赶快**摆脱羁绊纠缠**，从情感的困局走出来。要让自己脱困似乎不太容易，因为身处其间错综复杂，有许多因素似乎把你拖住了。虽然你有能力挣脱，却又担心自己的行动可能会让某些人失望。要让自己脱困最好的办法，就是用一种比较超然而客观的态度来看待问题，把自己真正的感受说出来。**你越是诚实地表达自己的情感，那么情感关系中牵涉的每一个人都能获得越多的自由**。

背景

虽然大多数的蜘蛛都是小而无害的生物，很多人对它们还是抱有某种**非理性的恐惧**。我们一向被灌输许多关于蜘蛛特质的故事，从希腊神话雅典娜与阿拉克涅，到现代冒险故事中的蜘蛛侠。这些故事里有许多是涉及家庭关系中的内疚和背叛，我们在言语上也会这么说，如“陷入情网”“被情丝缠住了”的说法。正如同蜘蛛结网一样，身陷情感的纠缠通常是时间累积而成的，其中并没有明显的攻击或侵犯行为。

78 不好的食物

梦境

你饿了想找东西吃，但就算你知道自己想吃什么，你却找不到。或者，你梦见自己跟别人一起吃饭，但食物不太好，或者吃不饱。尽管你特别找了家餐厅，盘中的食物却不太对劲，但其他人吃的好像都是正常又健康的食物。你的**食物看起来就是不好吃或者不新鲜**，你宁可挨饿也不愿把它们塞进嘴里。

意义

梦见不好的食物，表示**你现在的工作让你缺乏成就感，你不满意**。食物代表你实现自我、满足自己需求的能力，它们提供你探索并**善加利用机会的能量**。尽管你以为自己知道生活中什么东西可以让你更满意，但你似乎很难找到你真正需要的。梦见跟别人一起吃饭，代表你正考虑如何从你们的关系中寻求满足感。他们虽然可以满足你的部分需求，但你觉得在这段关系里却有某些不健康的东西，它让你感到异常的空虚和不满。

餐厅通常代表你对目前工作的满意程度，因此若是梦见不对劲的食物，表示你觉得现在的工作并不能满足你。虽然周遭众人似乎都对自己的工作很满意，但你就是觉得没什么“胃口”。在你目前的处境中，似乎缺乏一些新鲜的挑战，你只是一次又一次地“炒冷饭”。如果你想提振自我，渴望成功，你必须继续前进找到一些办法，**让自己的生活变得丰富起来，拥有多样的、适合发挥自我才能的经验**。滋养你的抱负和期望，你就能获得更持久的满足感。

行动

这个梦提示的是：你所碰到的情况似乎让你不满意，跟你原先所希望的不一样。虽然你花了不少心力为这个机会做准备，但它并未如你所预期让你收获良多。这种状况常常是因为你把自己的时间都花在照顾别人的需要上了，而且很可能因为这样才造成非常不健康的关系。你如果**更关注自己的基本需求，就能从照料他人之中获得更多的满足感**。

背景

我们的语言在谈到满足时，常常采用跟食物有关的词汇。我们说到满意的结果，会说“成功的果实”；得到一个不想要的结局，那会“坏了胃口”。美味而容易吃的食物，代表轻松获得的成就，所以很容易完成的事情叫“一块蛋糕”（a piece of cake）或“跟吃派一样不费力气”（easy as pie）。对于比较困难、不好对付的状况，我们会说“吞不下”或“咬不动”；规划不够完善的计划，叫“不成熟”。要是你准备同时追求许多目标，我们可能告诫你“会撑死的”！

79 回到古代

梦境

你发现自己回到古代，可能是几个世纪之前。**大家都穿着古装，让你想到古装片或历史重现**。那里的人的所作所为很像古代人，全都依靠劳力来做事，不过他们的目的似乎相当明确。大家都靠走路或乘坐马车出行，那些日常配件就像是博物馆的展品。我们认为理所当然的现代科技产品和基础设施，那里一样也没有。

意义

梦到自己回到古代，表示你在日常生活中正在思考过去的经验，以及它们对现在的你有什么影响。虽然像是几百年前的陈年往事，但你的过去包含了许多宝贵经验，而现在活动的基础也是根据那些经验而来。**梦里那些古代人，象征你性格上的不同面向**，那是你力争上游之后，遗留在后头的部分自我。他们穿着的古装，代表过去的你是如何应对挑战的。这份历史感，代表你正在拼凑过去经验，想搞清楚以前那些行动是如何让你获得成功的。

那些人的活动显得古老，以及耗费劳力的工作方式，代表你现在收获的一切所耗费的辛劳。尽管你可能觉得自己很幸运，得到最好的结果，**你之所以能够拥有现在的成就，一直都是靠潜意识默默引导**。他们依靠双脚走路而没有机械运输设备，表示你一向利用自己的基本能量和动力来求取进步。那里没有现代科技，表示你一向运用智谋来表达自我需求，让事情得以完成。对于自己的过去，你可能认为理所当然，但你当前的成就有一大部分都是靠你的才能创造出来的。

行动

这个梦是及时的提醒：在你的日常生活中，**过去的经验在塑造目前的自我中发挥了重大作用**。你过去的样子说来也许模糊不清，只能当成一个遥远的记忆，然而你现在仍然能够取用过去所获得的经验和领悟。当我们展望未来的时候，虽然很容易忽略过去，但我们在探索未来机会所提供的崭新可能时，也不应该害怕借鉴过去的经验。

背景

我们都会受到过去的历史吸引，以保存历史遗迹和传统文化来纪念它们。当我们研究历史的时候，探究某段时期内发生的一连串事件，总是令人兴致盎然，有时我们也会很好奇地想象，当年若某某事情没发生的话，不知道后来又会变得如何又如何。这种已经定型的因果关系，会让我们觉得过去已经发生的历史，也就是那个样子，不会再有其他可想象的模样。但是，如果我们可以更清楚地理解自己在生活中所做的决定，**就能灵活地运用过去的经验来提升自己的能力，打造一个属于自己的未来**。

80 遭到匪徒挟持

梦境

你遭到一群匪徒的攻击，被挟持到他们的土匪窝，被迫加入他们的行列。那帮匪徒似乎很了解你，对你的生活了如指掌，因此他们常常勒索你。**勒索的理由通常是你欠钱不还，或说他们看到你犯下一些轻微小罪**。他们要求你为他们犯下别的罪，如此一来，他们就不会揭发你。他们也可能挟持你或你的家人作为人质，提出无理的要求。

意义

梦见自己被一帮匪徒挟持、绑架，表示你在日常生活中已经加入一个群体，但似乎他们在时间和资源的分配上对你不公平。虽然你觉得自己忠于这个团体，还是觉得他们似乎常常强迫你做一些你不想做的事情。这种状况在家庭里最常见，**你有时被迫参加一些不喜欢的活动，感觉家族其他成员以某种方式控制你的人身自由**。家庭成员也可能利用你的忠诚度来控制你，如果你胆敢对家庭其他成员不忠，他们就会让你的日子不好过。

这种情况宛如情感勒索，然而这个团体虽然限制你的自由，另一方面却也给你提供了安全感，所以你才觉得难以摆脱。你也可能认为**亏欠家庭一份感谢**，所以你总觉得欠家人什么东西似的，尤其是在他们包容你犯下言行失检和其他错误时。**感觉自己被绑架，也可能源自家人对你的期待，让你觉得自己像是他们的人质**。这种状况除了家庭以外，也可能发生在其他紧密联结的团体里，当你觉得自己的利益和团体的利益不一致的时候，就会对团体持怀疑态度，以至于和团体产生矛盾冲突。

行动

这个梦的信息是：你需要从更宽广的视角来看待家人对你的期望和影响。**尽管你想尊重自己的家人，但你也要有自我选择的权利，应该为自己负起完全的责任**。只要你懂得为自己负责，就能拥有更多的自由来忠于自我、满足自己的需求。当你明白能够满足自我期待的人只有你自己时，你就能从他人的过度期待的困境中解脱出来。

背景

虽然大多数人不曾真正碰上黑道和匪徒，但我们可以通过一些像《教父》系列电影和电视剧《黑道家族》等，了解有关黑道和匪徒的历史。以黑手党而言，每个黑手党组织基本上都是由特定的家庭或家族所组成，对于成员的言行举止和荣誉守则，都各自有一套非正式，也不对外公开的规则。这些规则反映出一些期望，其中要求成员无条件地彼此忠诚，绝不上法院做证，不向警察透露情报，某些禁忌话题也不可以在家族之外公开谈论。

81 被狗攻击

梦境

那只跟你熟悉且对你友好的狗，突然对你咆哮低吼，它作势攻击，让你吓了一跳，你连忙后退。但那只狗还是不断地靠近你，开始咬你的手和脚。你试着安抚它，它却对你展开全面进攻，狗牙咬进你的身体。你摆脱不了它，又担心在某种程度上可能会伤害到这只狗。这个梦也可能是出现更凶猛的犬科动物，如狐、豺、鬣狗或狼等。

意义

传统上，狗是人类最好的朋友，因此在梦中出现的狗通常是代表日常生活中你所扮演的忠诚和奉献关怀的伴侣角色。你通常会给予合作伙伴无条件的爱，希望他们也如此待你。然而**不管你对他们多么忠心，付出多少关怀，你总是觉得自己没有获得回报，从而失望不已**。你对那些你关心的人感到生气，但又不敢说什么，因为害怕会惹恼他们。你无法再以诚实、积极的态度去对待他们，而是消极对抗，讲些酸言酸语。当你关爱的人因而闪避你时，你就扑上去紧咬不放，害怕他们会甩掉你。

如果攻击你的狗是黑色的，表示跟习惯性的行为有关，你感觉郁闷可能已经有一段时间了。如果是狐与豺，表示你觉得有人以某种狡猾而迂回的方式在利用你的感情。梦见遭到一群鬣狗攻击，代表**你觉得自己在表达情感时遭到别人的嘲笑**，而且他们对你不够认真。遭到一群狼的攻击，表示你对自己的家庭成员过度忠诚，但他们对你的无私付出却未给予适当的回报。

行动

这个梦是要你思考：自己给予别人的爱，以及你获得了什么回报。无条件的爱当然是代表慷慨和信任的美妙礼物，但是你若觉得自己必须这么做，那就不是这么一回事了。**这往往是出于恐惧，觉得自己不讨人喜欢**，才会以为只能靠这种方法来博取他人的喜爱。事实上，你不必去要求别人无条件地爱你，**你应该思考的是，怎么样无条件地爱你自己**。你对自己越有信心，别人对你也就越有信心。

背景

狗是最早被人类驯养的动物之一，它在梦中象征着我们如何**驯服自己的本能天性和攻击性**。尽管当我们长大成人之后，天生的本能通常已经被驯服，然而当我们的情感和忠诚度被他人忽视的时候，这些天性就可能恢复到比较凶猛粗野的状态。人类跟狗一样，都是社会化的动物，在我们追求共同目标的过程中，几乎都会忠诚以待，相互支持。对人类而言，我们每个人都是社会的一部分，不能脱离社会群体而存在，需要相互依赖，这是作为人的一种基本需求，因为我们都需要同伴，需要伙伴的保护，也需要跟大家一起玩。

82 泡在水里

梦境

你走进水里，往下沉，直到整个人泡在水里。你可能是在澡盆或者游泳池里，或者你正在河里或海里。你原本感到放松，但突然发现自己的头部已经淹在水面下，**你不能呼吸，感到很惊慌**。虽然你可能是在一个浅水区域，但你的脚无法踩到底，让你吓坏了，你不敢把嘴张开，害怕水会被吸进肺部。或者，你觉得自己一定会淹死，却又发现自己在水里也可以呼吸。

意义

梦见浸泡在水里，表示在日常生活中有某种状况让你深陷在情绪波动之中。水在梦中通常代表你的情感和情绪；进入水中，代表你置身于会挑起极大情绪反应的环境里。**沉浸水中，代表你所体验到的事物引发纯粹的情感反应**，你目前正身陷其中。如果水来自澡盆，表示这属于非常个人的情况；如果是在游泳池，通常跟工作生活有关。如果是在河里，表示你经历了让你觉得相当感动的事；如果是在海里，表示你对某个比较大的生活事件产生情绪反应。

头部象征我们的想法，代表理性分析状况的能力，所以如果头部浸泡在水中，代表**你的思考正被情绪所淹没**。呼吸代表以合乎逻辑的方式来表达自己的想法，因此无法呼吸表示你无法顺利说出自己的感受。在水中踩不到底，表示你开始觉得自己深陷其中，无法坚持自我。你害怕张开嘴巴，是担心自己可能说错话，使得你目前的状况变得更严重。感觉在水底下也能呼吸，代表你对自己的情绪反应开始感到自在，能够轻松地表达自己的情感。

行动

这个梦反映的是：你意识到自己深陷情绪旋涡中。通常你的情绪反应会相当剧烈，因此当你意识到自己置身于某种非理性的环境中，你会觉得相当震惊。当这些**情绪反应一波接着一波袭来时，你的本能反应可能是感到恐慌**，这往往让你的心绪变得很难掌控。这时候不能惊慌，而是要尽可能地放松自我。你越能够随波逐流，就越能在这个很容易引发情绪反应的环境中，控制好自己的情绪。

背景

对于情绪感知，我们使用的形容词汇大都跟水和置身水中的反应有关。如果处于情感失控的状态下，我们会奋力挣扎以免“灭顶”，让自己不会“沉浸”“陷入”那些引发负面情绪的情况中，不会“向下沉沦”。如果睡眠时打鼾特别严重，甚至有呼吸暂停综合征的人，也可能会做这种梦。

83 碰到老朋友

梦境

碰到某个老朋友，你们有好几年没见面了，你感到很高兴。过去你们曾经相当亲近，不过后来不知为什么却疏远了。**跟老朋友在一起，让你感觉很自在，非常放松**。你的朋友具有一些你非常欣赏的特质，碰到困难时，你也觉得一定可以依靠他们。你相信不管发生什么事，你的朋友都会支持你，你也一定会支持他们。

意义

梦到跟老朋友见面，表示你再次意识到某些忽略已久的个人特质。在日常生活中，你的那位朋友通常表现出那些特质，因此在梦里，你就会以他们来代表你的那些面向。再次碰到老朋友，代表在你目前的环境中有某些问题，需要你重新启动那些特质才能解决。也许是**你平时显得毛毛躁躁，而你这个朋友比较镇定沉着，因此你的潜意识提醒你此时必须冷静一点儿**。或者你平时显得较为安静，但这个朋友则比较活跃积极，因此这是在鼓励你冒险把握机会。

梦见朋友帮你摆脱某个不稳定的状况，代表你在日常生活中正经历某种紧张，如果你可以表现出跟那个朋友有关的特质，就可以加以解决。或者你梦到那个老朋友不理你，代表你忽略了自己某些独特的面向。你的老朋友也可能具有了某些让你欣赏、敬佩的特殊才能或技术，但你的这些才华却一直找不到机会表现出来。虽然现在表现出这些才华的时机有点奇怪，但那正是你自我本能的一部分，只是你一直忽略了。多加探索这些才能，你才能更了解自己。

行动

这个梦的信息是：你拥有一些遭到遗忘的才能或个人素质，你很高兴重新认识它们。你目前所面对的情况，正是发挥这项天赋的绝佳时机。要公开展现这些才能，你可能感觉有点尴尬，宁可由别人而不是你来做这件事情。但是**借机展现出自己蛰伏已久的才能，你将能够跟更深层的自我相联结**。尽管这么做在一开始可能有点让人不舒服，但你很快会认识到这些遗忘部分的真正价值。

背景

选择朋友往往是出于潜意识和本能，那些我们欣赏和敬佩的特质通常会吸引我们，跟我们自身**形成互补**。人生在世，朋友可能来来去去，但双方共有的交情和往来仍然有其意义。朋友是我们吐露秘密的对象，你信任他们，向他们展示自己脆弱的一面。英文中的“信赖”（confide）这个词，来自拉丁文confidere，意即对某些事物“怀抱信心”、能够“信任”。当你能够发现自己的特质，你的朋友就能证实你对自己有信心。

84 废弃的空屋

梦境

你回到自己的房子，发现它变成没人住的空屋，连墙壁都快垮了，你感到非常震惊。虽然你不曾意识到它已经荒废，但还是不敢相信你会让自己的房子烂成这个样子。你想好好地整修一番，又觉得自己没有足够的资源和技能。**地板摇摇欲坠，屋顶破洞，壁纸剥落，窗户破损，这一切让你感到非常不安**。你站在地板上，觉得连墙壁都快垮了。而附近通常还会有一幢坚固的新房子。

意义

梦到废弃的房子，代表你在日常生活中忽略了自己的某些面向。梦里的房子通常代表你自己，房子看起来越坚固、安全，就表示你认为自己很安全。因此发现房子遭到废弃，让你感到很惊讶，表示**你一直都没察觉到你忽视了自己**。快要垮掉的墙壁，表示你信心不足，不敢坚持自己的信念。摇摇欲坠的地板，表示你在某个特定的状况中，不知道要坚持什么立场，不知道下一步该怎么走。

窗户代表你对特定状况的认知和看法，破掉的窗户表示你觉得必须拼凑更多信息，才能了解实际上发生了什么事。屋顶代表你的考虑是否周全，屋顶有破洞表示你**担心自己的认知可能有盲点，或跟事实有所差距**。缺了墙壁，表示你在自己和他人的需求之间，需要建立更为明确的界限。如果发现废弃的房间，并呼应上述判断，代表你花费许多时间来照应他人的需求，却忽略了自己。发现附近有坚固的新房子，表示你只要稍稍改变自己的看法和立场，就能获得安全。

行动

这个梦是提醒你忽略了一些个人天赋和独特才能。太过在意他人需求的时候，就很容易忽视自己的能力，因为相较之下，自己的能力似乎显得不太重要。你越不注意自己的需求，感觉就越糟糕，而你照应他人的需求，也会变得更没效率。**想照应他人的需求，最好的办法就是先跟他人划分需求界限**。界限越明确，你就感觉越安全。

背景

我们通常把自己的家，跟长久的安全、幸福画上等号，所以我们去到某地并喜欢它时，可能会说“就像回家一样”或者“感觉像是在家一样自在”。我们在整修房子上也许会花费许多时间和金钱，但我们对于自己的福祉安康却往往不够注意。我们很乐意自己动手整修房子，让它变得更有价值，却不晓得要花时间来**提升我们自身的价值**。房子需要定期检修才能维持它的价值，同样，我们也要对自己付出心力，才能维持良好的状态。

85 被外星人绑架

梦境

梦见被外星人绑架，通常会从一些奇怪的焦虑感开始。你周围的事物也许看来都很正常，不过你会感觉有什么东西不太对劲。你觉得身边那些人可能都是外星人，而它们正准备劫持你。虽然它们的外表看来都很正常，但你知道它们只是假扮成人类的异形人。你想跟它们沟通，但它们好像无法理解，只是强迫你跟它们走。尽管你已经逃走或被释放，却仍然觉得它们运用高科技工具在监视你。

意义

梦见外星人，代表你在日常生活中碰到某些让你**感觉陌生或奇异的状况**。梦中被绑架，表示你觉得自己无法控制那个局面，觉得自己被迫要去做些什么事。刚入职、进入新小区或者刚迁居国外的人，常常会做这种梦。虽然你碰到的那些人看来都很正常，但他们有自己的文化和风俗习惯，对你而言是个完全不同的世界。你可能会觉得自己被迫融入其中，以后再也不能恢复正常的自我。

这些你新接触的人，也可能是操持自己的语言，让你觉得很难跟他们沟通。受到奇怪的科技监视或为难，表示你在这些不同以往的环境中，需要去了解新制度，学习新做法。但是你之所以发现自己**置身于陌生环境，其实是你自己带着潜意识需求，想要去探索一些新机会**，因此展示出自己未知的一面。你还不太熟悉你个性的某些方面，你需要去探索、了解它们，如此你才能拥有一个宽广强大的内心世界。

行动

这个梦是邀请你探索自身之中未知的领域，但是你因为**会跨越自己习惯的舒适区**，而感到有些不安。这些变化似乎会让你觉得害怕，但它们也是学习新技能的机会，可以趁这个机会确定自己的生活目标。虽然你可能没兴趣更深入地了解自己，但你必须**对各种新的经验保持开放心态**，才能把握那些意想不到的机会。

背景

外星人绑架好像是现代才有的主题，不过老祖宗们很早就梦过**天使或神灵**带走他们的身体，或摄取他们的魂魄。现代英文“噩梦”（nightmare）这个词来自古英文的night maere，指的就是某种劫持做梦者的夜魅邪灵。尽管外星人话题是在20世纪50年代的轨道飞行和太空探险之后才日渐流行，但是过去的人类社会早就经历过被言语、习惯殊异的外地人入侵的情况。这些侵入者施予的统治，可能不被当地人接受，但他们通常也会带来许多新技术、新理念和新文化。

86 困在厨房

梦境

厨房里又闷热又潮湿，但你好像困在里头出不去。厨房本就拥挤，中间还摆了张大木桌，里头的家具又大又旧。你觉得在里头很难走动，还要处理那些盛着热汤热菜的锅碗瓢盆。在那里做的事情，似乎都是又麻烦又混乱的，而且烹饪的气味也实在太浓了。你好像要准备很多食物，但都不是你自己要吃的。

意义

梦见自己困在厨房，表示**你在日常生活中，觉得自己陷于某些负责栽培、养育的情境中**。房子里的各个房间代表你个性的不同面向，而**厨房反映你为自己和他人创造让个人能够得到滋养的成长环境的能力**。尽管你想从这个角色中走出来并向前迈进，但似乎又难以脱身，让你觉得既不安又烦恼。梦中的家具通常代表习惯和行为模式，因此旧式家具可能是那些令你觉得不堪重负的习惯性义务。大餐桌通常代表人际关系，因此看来**你似乎觉得有义务照顾他人**。

发现在厨房里难以走动，表示那些义务让你觉得绑手绑脚，令你有深深的挫折感。盛装着热汤热菜的锅碗瓢盆，代表你心底那些不满就快爆发了，却又不知道向谁倾诉，因为你害怕惹恼他人。光为他人准备食物，而非为你自己，表示你牺牲自己来满足别人的需求，这实在是非常糟糕的事情，因为你无法去实现自己的梦想。尽管你无私地照顾他人，希望获得他们的注意和赞赏，但你有时也希望别人来照顾你。

行动

这个梦的信息是：你花费了许多时间去照顾别人的需求，因此你发现很难去照应自己的基本需求。尽管对于照料他人，你已经相当习惯，但你也经常因此感到沮丧，因为似乎没人关心你。然而**不停地照料他人，有时候也是一种微妙的控制**。你不该总是迎合他人的需求，你必须学习放手，看看结果会怎样。

背景

厨房是我们将食材原料转化为营养滋补品，以维持我们生命的地方。很多用于形容**创造性的努力**的词语，即是引用厨房和烹饪意象。例如需要多做准备，不必急着推展的事情，需要“再酝酿”；某事蔚为风潮或受到大家的注意，谓之“热乎乎”或“沸沸扬扬”；协调安排，叫作“调理”。当我们觉得自己的努力受到忽视，也会用烹饪相关词汇来表达自己的不满，比方说“气到冒烟”；以“沸腾”来形容局势失控；自作自受则是“自食恶果”。

87 嚼玻璃

梦境

你原本很正常地跟一些朋友或同事讲话，突然发现自己嘴里有些什么非常锐利的东西，像是玻璃碎片或刀片。尽管你很小心地开口，但每讲一句话都要划破自己的嘴。鲜血开始从你的嘴里流出，沿着下巴滴落，你担心自己可能吞下这些锋利的碎片。你很焦虑，担心被嘴里的血呛到。这个梦的另一种版本是，梦到嘴里塞满了会螫人的昆虫，例如蜜蜂或黄蜂。

意义

梦见嘴里正嚼着玻璃碎片或其他锋利的东西，表示你在日常生活中，正思考你跟他人沟通时，是否**出言太过尖锐**。我们的嘴巴里除了有牙齿之外，还有许多柔软的肌肉和组织，它们协助我们表达话语。嘴是我们身体中最敏感的部位之一，因此发现嘴里含着某些锋利的东西，一定会让我们很惊慌。虽然我们嘴里不太可能含着玻璃，但有些尖锐话语却常常从嘴里吐出。尽管这些尖锐言论也许只是说说而已，但言者无心、听者有意，这样可能让别人非常受伤。

当你觉得自己**受到威胁时，可能会运用锐利的话语为自己辩解，或捍卫自己的立场**。即使你小心地选择自己说的话，你还是可能会伤害到别人的感情，而尖嘴利舌地发表批评言论也可能会伤害到自己，让你烦心。鲜血代表你最深切的感受，虽然你努力想阻止鲜血流出，甚至想吞下去，它们还是继续往外冒，让大家都看见了。如果你被迫收回前言或坦承错误，也许会担心自尊受到伤害。蜜蜂或黄蜂在嘴里，代表你担心自己言语带刺，让他人感觉不适。

行动

这个梦是在暗示：你也许应该注意自己宛如剃刀般的锋利话语，说话的语气应该温和一些，并且**坦然接受自己的弱点**。你不该为了捍卫自己的立场而攻击他人，可以试着**采用更温和的言语，来化解当前的分歧**。坚持不必要的立场会带来紧张和压力，蓄意表现出顽固而强硬的模样，到最后可能压碎自己脆弱的信心。只要守住道理，尽管是轻声细语，也比尖锐批评更能发挥效力。

背景

我们的语言在描述侮辱和争执时，大都是采用“伤害”和“切割”作为喻义。在人类使用工具之前，最基本的切割方法就是靠嘴，而嘴也是我们产生和发出话语的器官。在当代文化里，嘴仍是捍卫自我、攻击他人的主要方式之一。我们可以不必利用肢体来痛打对手，让他们受到身体上的伤害，光靠嘴就足以突破对方的防御，解除他们对我们的威胁。

88 家里来了不速之客

梦境

你一个人在家，正享受着轻松而平静的好时光。你突然发现自己不是单独一人，房子里传来其他人活动的声音，也许还有一两个人从房门探头进来，看你在做什么。你走出房间查看噪音从何而来，结果发现满屋子都是陌生人，但他们似乎都不管你，径自在你身边来来去去。虽然其中有些人是你认识的，但大多数都是陌生人。

意义

梦见家里来了不速之客，通常表示你在日常生活中开始意识到某些有助于个人成长和发展的好机会。在自己的房子里感觉放松，代表你感觉在家里比较轻松自在，希望可以在家享受平静时光。但是不管你在意识上想要如何放轻松，那些机会都不断地吸引你的注意。那些**进到屋子的陌生人，代表那些可能性，虽然你也许不想理会，但它们会一直在你身边来来去去**，直到你注意到它们为止。刚开始的时候，也许只出现了一两个机会，但在你仔细探究之后，你可能会发现机会多到让你不知如何选取。

梦中出现的人，通常代表你个性上的不同面向。朋友和家人往往象征那些你熟悉的特质，而**陌生人则是你需要进一步探索和开拓的领域**。那些陌生人不理你，其实是反映你忽视自己的潜能，你必须让更多人知道自己的才能才对。如果你撤退到自己的个人空间和私人世界里，你的才华就会被埋没，无法展示出来。尽管这个梦好像是你的隐私受到侵犯，但它实际上是提醒你注意那些还没开发利用的潜力。

行动

这个梦是提醒你：你个性上那些未开发的领域，可能对你非常有用。我们很容易把自己圈在某种比较放松、比较自在的熟悉的环境中，但是如此一来你也失去那些可以让你更有作为的机会。你越抗拒那些机会，你在那些原本该是轻松自在的时刻就越感到不安。虽然那些平静时光令你很受用，你可以用来放松和反省，但**你在放松自我和探索未知之间，也该好好平衡一下**，跨出自己的舒适区，了解一下它的外头还有什么。

背景

人类虽是社会性的动物，但**我们也需要有自己的私人空间**。人类学家爱德华·霍尔提出“空间关系学”的概念，描述人类即使是在拥挤的空间中，也要维护自己的个人空间。那些让我们不会感到焦虑，或得以摆脱焦虑的舒适区，通常也就是我们的个人空间。那些能够取得成功的人，通常就是因为他们**勇于跨出自己的舒适区**，虽然我们似乎只有置身舒适区才会觉得舒服和安全，但那份安全感也可能是虚假的。

89 被蛇包围

梦境

你正找路通过某个不熟悉的地方，却遇到许多滑溜溜、四处扭动的蛇。通常它们会出现在你前面的坑中，或者在你四周爬行。你非常焦急，害怕自己可能会跌倒，你怕自己扑倒在地，蛇就可能会爬到你身上来。或者，有些蛇已经竖起身体，似乎准备用它们的毒牙攻击你。其他的蛇则是朝你爬过来，准备用它们的身体缠住你。

意义

梦见被蛇包围，通常代表**你在日常生活中正遇到好几个可以改造自我的好机会**。虽然大多数人不常在生活中碰到真正的蛇，但这些滑溜爬行的蛇常常出现在我们的梦里。蛇象征变革的机会，通常代表你正在日常生活中寻求让自我健康成长与成熟的机会。我们的皮肤是内在和外在的交会界面，你所有的行动和行为也都靠皮肤来呈现，让大家看到。正如同**蛇要蜕皮**一样，我们在健康成长的同时，也会抛弃那些已经没有价值的行为。

蛇出现在坑里或地面上，代表你必须采取一些实际行动，来**把握这些契机**。虽然你担心这么多的机会可能把你压垮，但只要你能够提振信心，就很容易向前迈进。蛇竖起身体和露出毒牙，代表你担心开始改变生活之后，不知道别人会怎么批评你。爬过地面的大蟒蛇，代表有些人可能在你大步迈向自己新未来的时候，蓄意限制你的自由。**很多人都害怕改变，就像蛇害怕现有的环境发生变化一样，因为这可能会威胁到他们的生存**。

行动

这个梦是提醒你：在实际生活中采取一些行动，以把握可以改变个人命运的机会。对此你感到害怕，因为你知道在**迈向新生活之前，可能必须舍弃某些陈旧的观念**。然而抛弃那些老旧的习惯和自我设限的行为，会带给你更多的自由，自在地追求有益于个人成长的目标。勇敢地拥抱那些新机会，舍弃旧的去开始新的生活，坦坦荡荡，你可以活得开开心心的。

背景

在所有的文化里，蛇和爬虫类几乎都有着独特的象征意义。在它们所代表的重要意义里，甚至包括**医药和医疗**，例如代表执业医生的“阿斯克勒庇俄斯之杖”就盘着一条蛇。许多制药业者使用的“许癸厄亚之碗”的标志，也是一只药碗上盘着一条蛇。蛇也象征着转变，因为它们有能力改变自己的皮肤。当我们出现在这个世界时，都要先依赖一条像蛇一样的脐带，之后才会离开妈妈皮肤的保护，靠我们自己的皮肤诞生到这个世界来。

90 受到限制的入口

梦境

你正想到某个地方去，但在抵达目的地之前，你必须挤进一个狭小的空间和一个很小的入口。也许是条狭窄的隧道或小巷，你被迫挤进窄小的门洞或入口，但**那实在太狭小了，似乎完全容纳不下你**。你可能被迫挤进箱子和某种管道，如通风管线或地下暗渠。当你正努力要通过迷宫似的地方，你越来越担心自己可能半途卡住，最后以某种令人难过的怪异姿势进退不得。

意义

梦见挤进隧道或狭小的入口，通常代表你在日常生活中感觉自己的行动正受到限制。通常这个梦刚开始的时候，你是在宽敞的地方，表示**你原本有许多机会，未来大门似乎也大方地向你开启**，然而当你开始前进之后，很快就发现自己的选择越来越少，渐渐连回旋的余裕都没有。如果是梦见自己塞在岩石隧道或老式的小巷里，表示你觉得是一些老旧习惯或态度强硬的掌权者在限制你的行动。隧道的坚硬内面，象征**规章法则，限制了你的自由**。

你觉得被紧紧地束缚住，没有机会摆脱那些管制。狭小的门或洞，表示你虽然想实现某个目标，但它的机会或入口似乎不太大。被迫挤进某种特殊空间，表示你觉得自己被迫做出不符合自身最佳利益的决定。挤进通风管线，代表你必须正视某些不合理的规则；挤进地下暗渠，表示某些人期待你做出某些特定的表现。最后以不舒服的怪异姿势卡住，表示你很担心自己如果依照目前做法，最后可能被迫采取某种特定的立场或态度。

行动

这个梦是告诉你：**你实际上可以选择的机会，比你想象的还多**。你可能以为那些规章法则不可更改，你必须为了取悦别人跳火圈，但这些都是自我设限的想法，它们让你难以迈出自己的步伐。你不必遵照别人订下的迂回路线，而是寻找自己的道路，去追求你的目标。你更应该**摆脱别人对你的过度期望**，让自己从那些义务和负担中解脱出来，轻装简行，快速前进。

背景

当我们说到**抉择的艰难**时，常常会用一些跟限制相关的词汇。例如我们会说“卡在半道”“通过官方渠道”；勉强安排某事，必须再“用力挤一下”；即将出现转机时，“在隧道的彼端看到一丝光芒”。被封锁、阻挡的感觉，则是“走进了死胡同”“碰壁”或“撞墙”。而形容机会到来时，则会采用宽阔、开放空间的词汇来表达，例如胸怀大志的人“视野广阔”、种种可能性对我们“敞开”等。

91 喝醉或药物上瘾

梦境

虽然你平素生活平和稳定，却发现自己喝得烂醉或吸毒放纵，行为举止怪异，你在梦里跟原本的个性完全不同。**你觉得自己已经完全失控，正在做一些清醒时绝对不会做的事情**。那些酒和药物，你似乎永远都喝不够、吸不够，你越喝越想要。或者你原本不吸烟，但在梦里却发现自己抽个不停，尽管咳嗽、呛到，还是照样吞云吐雾，一根接着一根。

意义

梦见自己喝酒过量或吸食药物，表示你在日常生活中碰到某些想要逃避的状况。你认为那个状况对你有害，因此花了许多时间思考要如何摆脱。但是你却一而再，再而三地卷入其中，不得脱身，你不明白这到底是怎么回事。虽然梦里你依赖的是酒或药物，但**现实生活中让你沉迷上瘾的，很可能是某个人**。你跟他通常是恋爱关系，虽然你被强烈地吸引，但你们之间却有某种紧张不能解决，而且似乎很快就会失控。

这种**无法控制自我的感觉令你非常不安**，因此你很不愿意承认有什么东西正在扰乱你的生活。就跟瘾君子不时想要吸一口一样，你的内心深处也有一股欲望，不断地把你拖回去找那个人。尽管你明白长期而言这样很不好，但心里却割舍不掉，让你哪儿也去不了。沉迷若此，你当然很难与对方保持一种健康的关系，你沉溺其中，无力自拔，也无法控制一些破坏性的行为。尽管你想毅然斩断，却还是一再地走回头路，让你觉得糟糕透顶。

行动

这个梦是提醒你：在你的日常**生活中有一个不健康的状况，你却习惯性地予以回避，不肯面对**。虽然寻求爱情和亲密也是你的基本需求，你却觉得自己这么做很不值得。与其公开处理这个问题，片面想象所有的事情都会变得对你有利，似乎要容易多。然而你越是不能正视自己的价值，你就会更依赖别人，以此证明你感觉良好。

背景

当我们在情感上对某个人有**不健康的依赖**，常常会用物质上瘾的相关词汇来形容，例如我们会听到，“他像是一个我改不掉的习惯”，或“我需要断瘾才行”的说法。这种形容词汇在流行歌曲中也相当常见，例如《你让我沉迷》《爱上瘾》《爱像麻药》。之所以上瘾，是因为许多人想透过某种方式来满足情感上的需求，但是在情感获得真正满足之前，这种方式可能导致强迫行为和心理依赖。

92 建筑物着火

梦境

你看到远方某处正冒出浓烟，发现是一幢你熟悉的建筑物着火了。它通常可能是你自己的房子或你的公司。刚开始的时候可能只是小火，但现在已经变得很危险，像炼狱一样。通常是某个房间整个着火，**你害怕火势会蔓延到建筑物的其他区域**。你环顾四周想找到什么东西来扑灭大火，但一切似乎都烧坏了，或抢救无效。虽然你想找消防队或路人帮忙，但似乎没人能够帮你。

意义

梦见建筑物着火，通常代表日常生活中有可能出现某种**极具创意的重大转变**。建筑物通常象征真实的自我，因此那幢着火建筑物的种类，就代表你哪部分有机会转变。如果烧起来的是你的公司，那就是专业上的变化；如果是你的房子，则是个人方面的转变。在不稳定的合作伙伴关系中，大家之间的摩擦也可能点燃转型契机，比如热烈讨论某件事情，期间大家情绪激昂，互不相让。尽管刚开始的分歧可能只是观点上的细微差异，却演变成激烈讨论，最后引燃熊熊大火。

虽然大火只烧了建筑物的某个部分，但你担心会蔓延到其他房间和区域。表示这个问题原本是受到控制，仅限于局部，但现在你担心它可能给你的生活的其他领域带来不利影响。似乎没人可以帮你，因为**只有你才能支配、控制这股充满激情和创意的能量**。你那些不受控制的热情可能带来严重的破坏，但你如果**学会驾驭它们，那会是力量和信心的源泉**。你的创造能量不应被一时的冲动无故地消耗掉，你应以热情、大方的态度，引导、催化这股强而有力的能量。

行动

这个梦暗示：你需要采取一些有创意的行动，来改变自己的处境。但是不管怎么努力，你都觉得很难引导自己的能量朝向有利于获得建设性成果的目标。看起来最好的办法似乎是尽可能把其中的“能量”抽掉，但如此一来也会浇熄你的热情，找不到转变的机会。你不要孤注一掷地消耗自己的能量，应该**以更有创意的方法来引导自己的能量**，以兼顾建设性和持久性的方式，朝向大家都能接受的结果进行。

背景

房子和建筑物代表我们的各个面向，**火则象征创造的过程**。只有人类学会了利用火，我们利用火来进行改造和创造，因此它代表我们的创造精神。**火能创造，也能毁灭**。许多创造过程都牵涉某个事物的破坏，从而产生另一个新事物。当我们说到创意或创造的心态时，我们会说“热切”“旺盛”，我们需要“热身”，我们将要“燃烧自己的梦想”。

93 亲近野生动物

梦境

在这个梦里，你准备捕捉一只野生动物，试图驯服它，跟它做朋友。**那只动物好像可以说话，还有其他神奇的力量**。你非常渴望亲近那只动物，可以抚摸它，跟它说话。尽管它可能还具有相当的野性，但你一点儿也不害怕，不会想要逃走。那只动物一开始也许显得有点畏缩，或者好像不太配合，但你获得它的信任之后，发现它可以跟你沟通，通常还会提供你一些宝贵的意见和看法。

意义

梦见亲近野生动物，表示**你在日常生活中逐渐意识到且赞赏自己的天性、本能**。动物通常象征你的潜意识需求和本能冲动，那是你经常试着驯服和控制的自我，因为你担心它们挣脱束缚之后，可能兴风作浪。那只动物有说话能力，表示你开始能够表达出真正的自我感受，但你还想跟它们靠近一点儿，因为它们似乎很有魅力。花了一点儿时间才获得动物的信任，表示**你也要花点时间思考，才会相信自己的直觉本能**。

那只动物的种类，代表你更能接纳的潜意识本能是自我的哪个部分。马代表你个人的强烈动机和激情，你正试图驾驭、利用它们；大象代表你越来越熟悉个人长处和生活历练所产生的力量；骆驼展现出你坚忍不拔、忍受逆境的耐力，你能够长途跋涉，抵达自己生命的目标；熊强调你的独立个性，也代表你对他人的忠诚；亲近海洋生物，如海豚或鲸鱼，表示你已经接纳自我的情感。

行动

这个梦是帮助你更深入地连接自己的创造本能和冲动。**我们很容易惧怕自己的天性和本能行为，担心它们会把你带到未知的地方**，害怕可能因此造成伤害。然而在某些理性分析无法解决的情况中，我们的直觉本能却能发挥出强大力量。如果你更关注自己的本能意识，就可能会发现周遭那些被忽视、无法处理的一些问题其实是有解决办法的。

背景

在我们三四岁之前，通常梦里不会出现自己，而是动物，那是我们正在探索自己的天性、本能和冲动。我们小时候最先学会的语言，通常就是动物的名字和它们的叫声。但是在我们长大成人之后，往往**刻意压制**自己的本能和冲动。不过在我们创造的事物中，通常会表露出这种特征（人的本能和冲动），英文“创造”（creativity）和“生物”（creature）都来自拉丁文的creare，意即“生产、制造”，而通过我们的创造，个人的独特天性也就表露出来了。

94 困在监狱里

梦境

你被钢筋包围，里头都是一些金属家具，生活设施非常少，而且一直有人监视，你突然发现自己不知道为什么被关在监狱里。虽然你不明白自己为何如此，但知道还要服刑一段时间。你经常被单独囚禁，时间变得非常漫长，而且在牢中被严格控制。对于你的困境，狱警毫无同情心，除了看守你之外，对你的事一点儿兴趣都没有。你想要说服他们，说你并没有犯什么错，但他们根本不信，还是把你关起来。

意义

梦见困在监狱，通常代表你在日常生活中觉得自己**丧失一些独立行动的自由**。这个状况可能导致你必须依靠别人帮你做决定，你的行动必须得到他人的允许。如果你觉得你在工作场合或一段关系中必须扮演某个特定角色，这种情况就可能会发生。那些钢条代表你认为有些东西正限制你前进；生活设施很少，表示你觉得自己缺乏让生活更舒适的资源。还要服刑一段时间，是因为你在真实生活中必须对某份工作或某个人做出承诺，只能等他们放你自由。

你觉得自己没有真正可以交谈的对象，因此感觉非常孤独，但是一些习惯性的例行事务，却让你不能畅所欲言，说出自己对当前处境的恐惧和怀疑。狱卒代表你的责任感，他们之所以会忽视你，是因为**这座监狱其实是你自己创造出来的**。你不想让别人感到失望，因此你不能食言，一味地信守承诺，结果你就一直被**困在那种错误的义务感里**。尽管你想说服自己没做错，但是你所做的承诺只会让你觉得你只能坐困愁城而且孤独。**释放自己的关键，就是别再压抑自我，说出自己的真正想法**。

行动

这个梦说的是，你应该更果决地再次为你的生活负起责任。虽然你可能感觉自己被困住了，但监狱其实也是个非常安全的地方，因此你可能只是想把自己锁在那里，而不愿意冒险走向未知领域。你对别人做出承诺、承担义务，这通常也是一种让自己感觉被需要和接纳的方式，但这可能**导致你过度依赖他人**。然而，只要你为自己的决定肩负起更多的责任，你就能享有更大的自由。

背景

我们小时候第一次觉得被困在一个自己不想待的地方，大概就是学校了。尽管我们宁可四处乱跑，享受自由，却被迫在教室里傻坐，领受那些既沉闷又冗长的课程。我们要按时上课，不过我们知道下课时间到了又能获得自由。这种被**困住的感觉，通常会延续到我们的工作生活中**，你觉得自己被限制住，必须扮演某种特定角色，日复一日做些没什么大不了的事情。

95 空荡荡的办公室

梦境

你跟往常一样准时抵达公司，却惊讶地发现**同事一个也没到**。你要进入公司或工厂时，你的工作证件或安全密码似乎已经失效。也许办公室那些平日使用的设备也不见了，你花了许多时间来寻找平日使用的工具。或者那些工具都变成一些新设备，正等着你使用，但你觉得自己没有被允许操作它们。你想找人帮忙，却没人回应你的请求。

意义

梦见工作场所空无一人，代表你在日常生活中觉得自己的专业能力没有被充分认可和赞赏。工作场所通常象征你运用独特才能，发挥创造价值的能力。你的同事没有按时出现，代表**你觉得自己的能力经常被忽视**，谁也不知道你在工作上的真正价值。工作证件或安全密码失效而不能进入特定区域，代表你虽然具备专业认证，却因为某些原因而被摒弃于新机会之外。

工作设备和工具不见了，代表你明明知道自己有那个能耐，却苦于找不到机会展现自己的技艺。崭新的设备代表一些令人兴奋的新机会，但你觉得自己没有资格使用它们，显示你欠缺探索这些可能性的自信心。尽管这些状况看起来像是大家都忽略了你的能力，但这可能是因为**你忽视自己的能力，不够珍惜自己的才能**。工作场所是你发挥个人才能，利用才能创造珍贵事物的地方。除非你自己先认知并欣赏自己的才华，让人家都注意到，否则别人很难知晓你的真正价值。

行动

要让这个梦发挥最大效用，你在日常生活中必须更加珍视自己的才能和技艺。这些才能助你做事游刃有余，你对它们也很有信心，但这种情况反倒让你觉得自己的能力很平常。**要让大家知道、赞赏你的独特能力，最好的办法就是你要先承认和了解它的价值**。你越珍视自己的能力，就越有信心在不寻常的环境下把它发挥出来，这会为你开启一个新世界，让你一展所长。

背景

虽然我们挑选工作，似乎是根据它所提供的条件和待遇决定的，但我们在工作中所寻求的，则在于它的意义和目的。让我们的生活拥有意义和目的，就是工作带给我们的最大福利。**工作让我们领会自我的价值，而不在于它会带来什么财富或物质报酬**。虽然我们可能会期待早日退休或换工作，但是我们的生活如果欠缺一份有意义、能够激励自我的工作，很容易就会变得茫然失措，不知何去何从。

96 鞋子掉了

梦境

鞋子不知道为什么掉了，你只穿着袜子或光脚在外头走路。通常你会发现自己在大城市里，怀疑没穿鞋子要怎么走到想去的地方。后来你觉得没穿鞋子其实无所谓，只是担心别人会怎么看你。不过，如果路面不平或潮湿泥泞，那当然是穿上鞋子比较舒服。你确定自己以前有很多鞋子，可是现在这唯一的一双似乎也不见了。

意义

梦见鞋子不见，代表你正**关心自己捍卫信念的能力**。你的脚象征你的立场基础，那是你坚定守护的原则和价值观，是你在现实生活中立定脚跟的基础。脚上穿的东西，代表你维护这些基本原则的能力，以及根据原则采取行动的步骤。在所有的衣物之中，**鞋子是最为个人化的物品，正如同你的价值观，一定要跟你的行动一致，不然你就浑身不自在**。鞋子也代表你的个性，失去鞋子表示你觉得自己正以某种方式失去自我。

由于鞋子代表着你的个人身份，它们的状况也会反映出你目前的社会地位。掉了鞋子，也可能代表你觉得自己的社会地位正在下降。如果你最近刚结束某段关系，或离开某个特定的工作，担心别人忽视你，这种梦境就可能会出现。尽管你认为靠自己也能轻松前进，但碰到困难时有别人坚实的支持会比较好。以为自己只剩一双鞋子，代表你太过依赖某个特定的立场或观点，以取得自己所需要的东西。

行动

这个梦要说的是：你必须采取必要的行动步骤，**重新建立你在某个特定状况下的立场**。虽然这么做可能让你感到相当不舒服，但这正是让你更加了解自己真正价值的机会。这也是个可以理解别人在此状况所采取的立场的好机会，你可以从他们的角度来思考相关问题。当你知晓自己的真正价值，并知道如何利用它们时，你就可以坚定信念将之付诸行动。

背景

我们的祖先大概是从四万年前开始穿鞋，一开始只是把脚部简单地包起来，以保护自己的脚。然而从那时候开始，鞋子逐渐成为重要的时尚配件，甚至到后来鞋子开始反映出我们的**热望与向往**，还有我们的地位和财富。我们可以不以行动和行为来判断人，光看那双鞋就知道他是怎样的人。时髦漂亮而且擦得亮晶晶的鞋子，通常代表鞋子的主人行事中规中矩，处世圆滑。如果穿着溅满泥巴的工作靴，表示此人做事脚踏实地，很实在。

97 鼠患或害虫肆虐

梦境

你发现自己置身于某个害虫肆虐的地方，虽然可能是你家，不过通常是你的工作场所。就像遭到瘟疫一样，那些害虫通常是老鼠或其他昆虫，造成周遭环境或财产等受到损害。你会试着安置陷阱或除虫，但情况会变得更糟糕，它们偷吃食物、啃咬电线、散播疾病，大肆破坏。不管你多么努力想要消灭它们，害虫却不断增加，把所有事情都搞得一团糟。

意义

梦见害虫肆虐，通常代表你在日常生活中碰到一些小问题，问题虽小你却很焦虑。个别而言，那些讨厌的小事没什么重要，但全部加起来就可能成为大问题，令人感到不安，也可能造成某种破坏。你梦里的害虫，可能代表你在某个情况中所碰到的一些微不足道的小问题。尽管对某些正在发生的事情，你不太想去理会，但那些**小焦虑却逐渐累积成严重的忧虑**，使得你的自信心正慢慢消失。虽然你想逐一解决那些小问题，但似乎还不明白自己的焦虑源自何处。

看来你快被那些琐碎小事打败了，但这通常是因为你没有从更宽广的角度来检视这个状况。如果你要一个一个去解决那些小问题，将无法彻底解决这个情况，因为**你花费太多时间在那些小麻烦上，反而搞不清楚问题的根源何在**。这可能会让你觉得受困其中，而变得非常沮丧，你会觉得不管自己多么精心培养自己的才华，却总是不如意。在你能够真正厘清问题之前，它们会不断折磨你，让你无法发挥个人才能。

行动

这个梦是让你知道，你在某个特定情况中似乎花费太多时间来处理小事情，结果你反而没空做策略性的决定，错失彻底解决问题的机会。这通常是因为你觉得处理那些小事，会让你感觉比较自在，却缺乏信心去面对那些较大的问题。**拿出勇气去面对问题的根源**，你才能够彻底摆脱那些忧虑的啃啮。

背景

说到不停折磨我们的挫折时，我们可能会说“像是臭虫”“嗡嗡作响、绕个不停的苍蝇或蚊子”，碰上坏你大事的“鼠辈”，对那些“纠缠”厌恶不已。英文“害虫”（vermin）这个词来自拉丁文verminatus，意即“腐败生蛆”或“被疼痛折磨”。当我们受到忧虑的困扰时，感觉像是心里受到啮咬，逐渐被吃光掏空一样。尽管“斑衣吹笛人”（捷克童话中的人物，可以消除鼠患）说不定可以帮我们解决鼠患，但要彻底根除挫折感最好的办法，就是针对根源去解决问题。

98 隐形人

梦境

一切似乎都很正常，只是大家好像都看不到你。虽然你可以看见自己，但其他人好像都看不到。你可能是在某个社交场合或熟悉的环境中，你的朋友也都在场，却没人注意到你也在那儿。**当你试着融入其中，大家对你却是视而不见**，不但对你丝毫不予理会，甚至目光好像直接穿透你一样。或者，你可能察觉大家都会碰到什么危险，但是尽管你一直提出警告，却没人理会你。

意义

梦见自己变成隐形人，表示你在日常生活中，无法如愿地吸引他人注意。这通常是因为你在某个状况中担任幕后工作，虽然事情做得很成功，却没人认可你的贡献。尽管我们可能认为没人注意到你，错在他人，但这个梦想要告诉你的是，你必须先让他人知道你的才华。**如果连你都不承认自己拥有的才华，那么别人就更难发现你的优秀特质**。这常常是因为你对自己的能力缺乏自信，担心自己的失败可能招致批评。

缺乏自信，代表你常常把别人的需求放在自己之前。你认为服务他人才能显示出自己的价值，觉得靠这种方法才能获得他人的认可。然而你的努力不能引起他人的关注，别人也就不会认可你的努力，这就不令人意外。你不敢据理力争，大声喧嚷，反而认为闪避退让，退居幕后比较容易。你要提醒大家注意的危险，其实是你正面对着忽视自己独特性的危险。要让他人注意到你，最好的办法是你先重视自己的才华，然后别人才会知晓并在乎你。

行动

这个梦是鼓励你**提升自己的“能见度”，让大家知道你的才华和真正价值**。虽然远离关注焦点，可能让我们感觉比较自在，但如此一来，你的努力也会被人忽视。你可能会以为隐藏自己的需求才是合适的行动，但你会因此错失表达自我独特性的机会。你越是能够公开展现自己的能力，他人才会更了解你的价值。

背景

我们对自己“能见度”的感觉，跟我们在社会或团体中所感知的地位高低有关。如果自以为是地位低下的无名之辈，那么我们可能会以为自己像个隐形人，而那些地位高的人则会是大家关注的焦点。除了社交场合之外，这种情况也可能出现在亲密关系里，有人可能感觉自己被忽视，说什么“大家甚至不知道还有我”！我们投入越多关注，事情就会越明显，因此当我们特别关注自己时，我们的才能就很容易显露出来。

99 洗澡淋浴

梦境

你觉得浑身又热又湿黏，想要好好洗个澡，让自己清爽一下。进入淋浴间时，发现所有的隔间都被占用了，或发现那些莲蓬头都安装在非常奇怪的位置。最后你终于找到一个空位，可是里头非常暗，站在里面让你非常不舒服。淋浴开关很难扭开，或者吱吱作响，总算扭开之后，发现水量好小。通常一开始只流出一些黑黑的脏水，后来才变干净并畅快地流出来。

意义

梦见洗澡淋浴，通常代表你在日常生活中想要搞清楚一些跟感情有关的情况，因为你觉得那些事情似乎有点混乱。这种梦通常是由人际关系中的某些紧张引发，你发现自己难以表达自己的需求，或者感到轻微的内疚。水象征你的情感，因此淋浴通常表示你希望畅快地表达自己的情绪或情感，让自己在特定状况下可以保持清醒。寻找淋浴间代表你正在寻找合适的机会，开放自己的情感，或许也想释放一些压力。

发现淋浴间都被占用，表示你常常把别人的感受置于自己之前，**你花费太多时间来倾听别人的问题，却没什么机会表达自己的感受**。莲蓬头安装在奇怪的位置，表示你觉得现在要说出自己真正的想法，或许时间和地点都不合适。你终于找到机会来表达自己的情感，却又发现难以捍卫自己的立场，而且对方给予你的评判显得太负面、太严厉。你刚开始沟通的时候，态度可能过于僵硬，因此觉得很难说出自己真正想要的。尽管如此，你在情感上表现得越开放，你越能厘清状况。

行动

这个梦是在暗示你：某个让你感到内疚的情感状况，是该进行厘清的时候了。你也许觉得一时半会很难澄清自己真正的立场，因此正在寻找适当时机。但是你花越久的时间来等待机会，事情可能会变得越糟糕。你不该无休无止地等待完美时刻，有时要**顺其自然，直接说出你的所思所感**。虽然一开始可能会有点混乱，但这样对大家都好，所有牵涉其中的人都会更了解你。

背景

当我们说到内疚、罪恶感或某些情感困扰时，可能会觉得“很脏”“很乱”。而要摆脱这种混乱状况，我们必须“清理”“重新开始”。**洗澡放松可以清理我们的外在**，而要清理人际关系时，消极、被动的做法并不见得会有效。**淋浴象征积极的清洁过程，让情感酣畅表露**，这可以帮助我们重新开始。

100 飞进未来

梦境

你虽然年龄没变大，却莫名其妙地到了未来的某个年代。大家都拿着闪闪发亮的奇怪装置在说话，穿着能让人感觉到是“未来”的服装，但跟现代一样，大家都有许多不同的意见和必须面对各种各样的问题。那些新科技让你非常感兴趣，希望利用它们让自己变得更厉害。虽然一开始让你毫无头绪，不过你很快就明白它们要如何运作。尽管是到了未来，你还是不断碰到一些过去的问题，而你以为那些问题应该都是已经解决了的。

意义

梦到自己到了未来，代表你在日常生活中正思考如何让自己进步，以及实现某些抱负。梦里的未来通常是借由科技进步甚至是革命性的进展来显现，似乎是要穿越时空隧道才能到达。通信装置代表人们如何相互联系，而他们所穿着的衣服则代表互相表现出来的行为。虽然他们的穿着打扮闪闪发亮，很有“未来感”，但还是跟现代人一样会有争执、吵架。尽管你以为科技可以解决各种问题，但人类的个性、行为模式所引发的问题，还有习惯和缺陷仍是处处可见。

仰赖科技进步带你进入未来，代表你经常寻求外来的答案来推展自己的抱负。然而不管你依靠多少外在的支持，你还是要透过自己的内在，才能真正推动自己向前走。你梦见自己进入未来，也可能表示你对目前的情况感到不满意，而现在就是向前推进的时候。虽然你想要找个轻松简便的方法来做到这一点，但要向前推进通常需要花费时间，要付出努力。你如果**更努力去探索自己的内在**，就能更快迈向理想的未来。

行动

这个梦是邀请你去探索自己的未来。你可能认为以后一切都会变得更好，但你知道自己必须先做些改变才能办到。**你可以不必仰赖外在的援助，而是运用自己的想象力，设想自己想要的未来**。只要你开始做到这一点，建立自己的新世界，你的未来就会开始从各个方面展现出来。

背景

在各种故事里，**未来常常被描绘成理想的乌托邦**，大家背着喷射推进器飞来飞去，有取之不尽、用之不竭的能源，还可以进行无拘无束的太空旅行。然而，我们越是进入未来，越会发现那里不太理想。就像阿道司·赫胥黎的小说《美丽新世界》和雷德利·斯科特的电影《银翼杀手》所描述的，即使拥有最先进的科技，沟通仍然是以人性为基础来进行。进入未来最令我们满足的方式，通常是先了解自己的身份、需求和信念，同时了解他人的身份、需求和信念。

关于做梦

运用你的梦境模式

了解梦的含义，可以让你更明白自己是谁，也更了解自己想要什么，相信什么，不过要把这些惊鸿一瞥的信息用在实际生活中，有时候可真是不容易。然而如果你能接纳这些潜意识创作的故事，你就能利用它帮助你厘清很多事情。不过你不必过度专注于某个特定的象征或符号，而是要去注意梦的模式。那些你在梦里创造出来的模式，才是你日常生活经历最真实的反映。

我们在书里所讨论的一百种梦的模式，即是你可以将梦境化为实际行动的基础。同时，你或许也发现这些基本主题互有关联，相互构成一些更庞大、更复杂的故事。你可以利用这些更庞大的模式来创造更为广泛的理解领域，协助你在日常生活中采取更可靠的行动。即使是在最复杂甚至看似离奇的梦境中，你都可以发现这些基本模式，而且可以利用它们来作为理解信息的基础，那些信息正是潜意识为你创造出来的。

例如你梦见自己“被追赶”，通常是因为你在日常生活中有必须解决的某种紧张；梦见自己“跌倒、失足”，表示你在日常生活中碰到某些状况，你必须放松自己，不要太过执着。那么当你梦到自己“被追逐，最后掉下悬崖”时，就表示你必须放松自己，对某个特定状况不宜过度执着，才能解除其中的紧张压力。假如你能做到这一点，你可能会梦见自己“飞翔”，因为你已经卸下一些自我设限，获得了解放和自由，感觉肩上的重压已经去除了。

这样的认知也能以相反的方向来进行，从你的日常生活进入梦里的世界。如果你在生活中花了很多时间在为某事做准备，希望尽可能做到最好，但有时候仍然感到焦虑，觉得自己可能错失重要的机会，那你很有可能会做些像是“不停打包行李”或“错失飞机航班”的梦。这些梦的主题通常是你急急忙忙地要把许多东西塞进行李箱，希望自己可以准时到达机场。当你在梦里发现这些可确认的模式时，你就应该在现实生活采取相关行动。

你的潜意识认知，就是一种你所拥有的威力最强大的个人资源。它会不断地观照你的身旁四处，暗示所有能够帮助你厘清日常生活的各种线索。当你受到某些事物的吸引，或者突然有了某种直觉预感，那就是你正在运用自己的潜意识认知。要是你发现某些事让你觉得很巧合，或者感到很幸运，那可能就是潜意识在帮助你。你的梦和潜意识认知，可以对你的日常生活提供莫大帮助，然而如果你不采取对应行动，那么梦也只是梦而已。

灯光、枕头和行动！

把你的梦付诸行动！甚至是在你关灯安睡之前就可以开始。要了解自己的梦，先决条件之一就是要先记得你梦到什么。很多人以为他们睡觉都不做梦，但其实每一个人都会做梦，没有人不做梦的，因为这对我们的心理和生理健康都很重要。我们在“快速眼动期”（REM）做梦最为活跃，如果剥夺睡眠中做梦最多的“快速眼动期”，我们的心理和生理很快就会陷入混乱，连日常生活中一些最简单的事都做不好。我们睡醒后会很自然地忘掉梦境，是为了尽快适应清醒后的真实世界，不过我们还是可以采取一些步骤，帮助记忆自己的梦境。

记忆梦境的第一个步骤，需要先创造轻松的睡眠环境。我们置身其中的真实生活很容易干扰梦中世界，因此卧房里那些不必要的干扰最好先清除掉。放在卧室的电视、计算机或其他小装置，都可能过度刺激疲惫的心灵，让你很难进入深度睡眠。你要让自己尽可能地感到舒适、放松，躺到枕头上准备睡觉时，告诉自己："今晚，我要记住自己的梦。"这样就比较容易记住梦中的影像和感受。

等你醒来的时候，暂时先闭着眼睛，尽量不要移动身体，等待一分钟左右。让你先不要动，这是因为只要你开始改变身体姿势，梦中出现的那些影像就会开始消退。大约在五分钟内，梦里的影像就会有一半退回到你的潜意识里，到了大概十分钟之后，大部分的影像就都溜走了。当然，如果你必须马上起床的话，可能就没办法这么做。如果你可以先躺着一分钟不动，就可以在日常意识层面上保留梦中的影像和感觉。

一开始，你可能很难看到任何影像，所以你要先注意那些梦里的感觉。你在梦里感觉快乐、焦虑、兴奋或沮丧吗？当你能掌握自己在梦中的感觉，影像就会开始出现。刚开始的时候，那些影像可能都相当模糊，等到它们逐渐进入你的意识层面之后，你就可以把它们串联在一起，成为一个连贯的梦境。多练习几次之后，你就会越来越自在，也越来越容易记住梦境。

既然梦可以让我们更深入地察觉和理解日常生活中发生的事情，那么我们会如此轻易忘记梦境，说来可真是不太寻常。

在人类的进化过程中，之所以会遗忘梦境，是为了让我们醒来之后能够很快地分辨梦境和真实世界。在古老的年代，我们必须迅速从梦境洞穴走进真实世界，这是为了能够尽快处理可能的威胁。当我们的老祖宗开始在洞穴石壁描绘他们关于狩猎的梦境时，人类生活中共有的符号象征就被提炼出来了。而记忆那些梦境和其中所表达的符号象征，即成为一种进化的标记。

影响你的梦

虽然你会做出什么样的梦，似乎是不由自主、无法控制的，但其实你可以用很多方法来影响你的梦。最简单的方式，就是要对自己所做的梦有一些积极想法。你躺在床上，向自己保证一定要记住梦境，然后选择自己要梦见某个事物。可以是某个你特别感兴趣的东西，或日常生活中让你感到紧张的事物。那些运用理性、逻辑思考难以解决的问题，如果改以采用我们的内在智慧和潜意识认知，往往就很容易解决。

了解梦境发生的阶段，也对你影响梦境有所帮助。我们做梦时的第一个阶段，叫作“入睡阶段”，亦即开始放松，慢慢进入睡眠的时候，这时候的梦境常常随机闪现一些影像，大都是从当天经验抓来的。这时候你的身体开始放松，整天累积下来的紧张开始消退，等到压力全部释放出来的时候，可能会产生一个抽搐或痉挛。这个抽搐叫作“入睡抽动”，感觉像是从什么边缘掉落，即当你“陷入睡眠”的时候。

在你的睡眠周期里，梦中冒险即是其中的一部分。一般来说，我们晚上睡觉的时候平均会经历五次睡眠周期，因此也创造了五场梦境。第一场梦大概会持续十到十五分钟，之后依次拉长，到最后一个梦时，可能长达四十至四十五分钟。到了最后一个睡眠周期结束时，你会经历梦境与清醒之间的过渡阶段，叫作“半醒阶段”。这个时候，你还在制造梦境影像，但对于自己的清醒越来越清楚。而这个时候就是练习“清醒梦”的最佳时机。

“清醒梦”是了解自己正在做梦的能力，然后在还没醒来的状态下自觉地影响自己的梦境。刚开始要做到意识到自己正在做梦，可是相当不容易的事情，因为你的意识很可能会把你叫醒。不过如果你多加练习，特别是利用“半醒阶段”多做练习，你就能够在睡眠中保持清醒，影响自己的梦境。

清醒梦除了能够创造出特定的愉快经验之外，也可以用来解决一些日常生活中让人很紧张的一些事情。清醒梦并不会让这些紧张自动减少，但它可以让你了解紧张的根源，再针对这些原因来采取行动。清醒梦之所以让人感到振奋，有一部分的原因是让你了解到，在那个你自己创造的梦中世界里，你是无所不能的，你可以做任何你想做的事情。透过清醒梦来解决一些困难状况，你会发现自己在日常生活中，也能够创造出自己想要的东西。

影响梦的物质

积极影响梦境最好的方式之一，就是要注意你的饮食和身体对食物的吸收情况。我们常常做梦，这件事只是在大脑里进行，然而身体的紧张和不适必定会影响你的做梦状态。关于饮食如何影响梦境，存在着许多误解，其中历史最悠久的谬论，要数“吃奶酪会让你做噩梦”了。虽然食物可以影响梦境模式，但是其中的关键不在于那个食物是什么，而在于我们的身体是否能轻易消化该种食物。

摄取容易消化的食物，我们的身体在入睡之后就很容易得到放松。而奶酪跟其他高脂肪食物通常不好消化，因此我们的睡眠就可能因此受到干扰，容易忽睡忽醒。在这种状况下，我们会容易察觉梦境内容，但是因为身体并未完全放松，因此梦境内容通常也就不太令人愉快。其他诸如咖喱或特别辛辣的食物，或者在睡前吃得太多，也都可能引发类似的焦躁。

有些东西让你在睡眠中难以完全放松，导致梦境很奇怪、很吓人。其中最可怕的要数尼古丁引发的恐怖噩梦，如果你贴着戒烟用的尼古丁贴片睡觉，就可能会做那种噩梦。吸烟通常会降低梦境的强度，所以戒烟的人会发现自己梦到的东西非常详细、非常真实。有些戒烟的人在睡觉时也贴着戒烟贴片，以摆脱烟瘾的困扰，这可能会引发他们难以想象的疯狂梦境。睡觉就是要让身体获得休息和疗愈，所以最好不要贴尼古丁贴片。

酒精是　种温和的镇静剂，可以帮助入眠。不过酒精虽然可以让你感觉更放松，帮助你入眠，但它的镇定作用也很容易消退，这时候酒精就不再是一种镇静剂，反而造成兴奋作用。此外，酒精也会抑制睡眠时的“快速眼动期”，从而抑制做梦活动。当“快速眼动期”暂时受到抑制，等它再次恢复时，通常就会带来可怕的梦境。而我们的身体在消化酒精时，也会导致一些生理上的压力，这个不安会反映在你的梦境里，造成更多噩梦般的焦虑。

服用处方药也可能降低睡眠质量，导致令人心跳加速的梦境。讽刺的是，有些原本让你睡个好觉的助眠药剂却像酒精一样，在药力消退之后反而引发“快速眼动期”的激烈反弹，带来睡眠时的紧张和不安。抗忧郁药剂也同样可能抑制睡眠时的“快速眼动期”，虽然这样可以减少噩梦发生的机会，应该算是不错的结果，但却也让服药者难以运用自己的梦境来解决日常生活中那些引发忧郁的状况。

噩梦

虽然噩梦十分可怕，但它只是一种特定类型的梦境经验，反映出自己情绪剧烈升高和感觉似乎要失控的状况。噩梦虽然难以控制，其实也是你自己创造出来的，所以你可以采取某些方法来解决。我们之所以创造出噩梦，并不是要吓唬自己或让自己不安，而是为了让你知道在日常生活中有某些事情已经失去平衡。如果你不想理会这种失衡，你的潜意识就会开始提高梦境的情绪强度，梦境会变得越来越可怕，直到唤起你的注意为止。

噩梦最让人不安的是，你会觉得自己无法控制它。当你的潜意识开始揭示一些令你有挫折感的意图，还有某些日常生活中尚待解决的紧张时，你通常就会觉得很可怕。虽然这样的梦境可能是非常吓人的，但你其实是想告诉自己一些非常重要的事情，一旦你开始注意到那些问题，噩梦自然会消退。也许我们会觉得宁可不要做噩梦，但它可以帮助你找到具体的解决方案，协助你战胜你在日常生活中遇到的挫折并消除你的焦虑感。

借由理解噩梦中的梦境模式，你通常可以找到你要传达给自己的重要信息。我们在书中谈到的许多模式，都可能出现在噩梦里，透过那些提示，你就会明白到底原因何在，帮助你更加理性地思考那些特定状况，并制订具体行动方案来加以解决。要解决噩梦的问题，还有一个更直截了当的办法，不过需要一点儿勇气和自我控制的功夫。

通常噩梦进行到某个程度时，因为实在太可怕了，所以你会强迫自己赶快醒过来。这个时候其实很关键，但是你的本能反应通常让你赶快从噩梦中清醒。这个时候才是处理噩梦的关键，因为这个时候你对梦境的情绪感觉最为强烈。如果这时候可以不醒过来，而是设法去找出让你感到最害怕的到底是什么，也就是说你要去面对那个噩梦，问它到底想要告诉你什么。在那几微秒的时间里，也许整个梦境会让你更害怕，但通常你会得到清晰而诚实的答复。

你得到的回答，就是消解噩梦的关键，因此你可以运用这些信息来采取必要的行动，解决日常生活中所碰到的那些紧张。噩梦通常就是情绪强度最高的梦境，因此要把梦境告诉你的答案付诸行动，这是一个极大的挑战。然而，如果你有那么大的能量来创造出情绪高涨的梦境影像，那么你也有能力在日常生活中采取坚决果断的行动。你越了解自己的噩梦，就越能影响自己的本能和情感，而不是任由它们控制你。

疗愈的梦境

梦所带来的最大礼物之一，就是它可以帮助你确认日常生活中的各种紧张，同时让你知道如何解决那些问题。这些失衡状况，通常会在你探索自己的真正个性、实际需求和真实信仰时产生。虽然那些失衡可能是捉摸不到的，但你在日常生活中的某种紧张感可能让你感到不自在，进而在生理上体现为疾病症状。这种生理上的紧张可能带来轻微的疼痛，或者诱发更严重的病症，需要特定的医疗护理。

梦不但可以帮助我们解决那些可能导致各种病痛的生理上的紧张，也可以用来预警某些即将发生的疾病。这种情况被称为“前驱病状梦境”（prodromal dreams），其名称源自希腊文 pro dromus，意即“先行者”。由于梦的语言仍是隐喻的，因此在梦里出现特定病症，通常并不代表真的会发生那种疾病，因此我们必须在梦境影像中另外寻找线索。举个例子，我有个客户一再梦见一些陌生人在他的花园里盖房子，却完全没有请求他的许可。那幢新盖好的房子不但遮住他原本房子的阳光，而且建筑工事也造成一些公共管线的问题。

在此同时，我的客户也开始出现一些泌尿问题，而且状况越来越严重。我认为他梦里那幢令他讨厌的新房子，或许代表他身体里也出现令人讨厌的组织增生，所以我建议他赶快去做身体检查。结果发现他的膀胱表面长了一个肿瘤，不过要进行必要的治疗却需要排队等候。这时候我们就要谈到梦的另外一项功能了。梦不但可以帮助我们发现疾病，也可以应用在疗愈过程。因此在他排队等候治疗期间，我们先采取具象化的方法来对付增生的组织。这位客户是一位热衷赏鸟的鸟类学家，因此我引导他想象自己是一只华丽而强大的金鹰，翱翔于无人海岸的晴朗蓝天之上。

而肿瘤细胞则是海边的一些小白兔。小白兔虽然无害，但是数量一旦失控可是个大麻烦呢。因此在具象化的处理下，他的金鹰从空中俯冲而下，把兔子一只又一只地抓走。我帮客户做了几次这样的辅导之后，他就开始自己按着这个方式操作。结果排到他治疗的时候，发现那个肿瘤已经缩小到不必开刀就可以痊愈的程度。这可能就是我们做了这个处理的结果，或者也可能是因为生活和饮食习惯的改变所致。然而不管是哪一个，梦和具象化处理都给我的客户带来了很好的疗愈结果。

利用自己的梦来解决身体上的问题，疗愈自己的身体，让自我再次感觉完好。梦跟疗愈一直是息息相关的，根据历史记载，早在四千五百年前中国的黄帝就利用梦来进行疗愈。现代医学鼻祖希波克拉底进行诊断的时候也经常利用梦境，在“希波克拉底誓言”中提到的神祇阿斯克勒庇俄斯，乃希腊的疗愈与医药之神，由他而衍生出一种在神殿过夜求梦的疗法。病人在晚上睡在某些特定神殿里，透过梦境来探索如何让自己恢复健康，亦即运用梦来进行治疗。

梦的身体

虽然你的潜意识认知似乎只跟心灵有关系，但它实际上同时体现在生理、情绪和精神层面。我们的身体，除了意识层面上可以触摸到的身体之外，还有一个潜意识认知的身体。尽管你可能以为能够完全感知到自己的身体，而且完全可以控制它，但是我们的身体仍然会在不自觉的情况下，做手势、移动和说话。这种身体的潜意识感知，就是梦的身体，表现出你所有的自然本性和生理本能。

你的梦的身体，界定出真正的自我，反映出你的真正需求，以及你会如何实现自己的愿望，但是我们常常忽略掉这个真正的自我，强迫自己的身体以某些不自然的方式来表现个人形象。当你刻意去控制自己的身体，意图在他人面前表现出某种特定形象时，你就会跟你的真正自我产生矛盾而带来极大的紧张感。身体是活生生的、会呼吸的生物，然而我们对待身体不是让它更自在地成长，反而让它感到匮乏和苦恼，将它当作是可以任由翻折扭转的物品。我们往往为了得到他人的好评而蓄意操控自己的身体，而不是让它得到满足。

控制身体最常见的方式，就是依照特定食谱严格限制自己身体摄取食物。然而对于这种严厉的饮食控制，你那个潜意识中的身体通常会激烈反抗，结果使得自己的身材更为走样。

你认为自己进食是为了摄取热量，安抚身体的饥饿感，其实我们吃东西也是在满足一些自己不知道的潜意识需求。这些需求清楚反映在你的梦境模式中，而你的身体是胖是瘦，是健康还是不健康，其实都是根据你怎么满足自己潜意识需求而来的。

如果你梦见自己欠缺自控能力，你可能会借由控制自己的饮食，来表现出对自己生活的控制力。但最后的结果，你可能反而饮食过量，或者活活把自己饿死，或者是陷于过量和过度饥饿之间来回往复。如果你梦见自己的生活中欠缺某些东西，你也可能转而以吃东西来寻求抚慰，你吃东西并不是因为肚子饿了或想摄取营养，而只是因为进食让你感觉良好。无法满足需求的梦，通常会表现在饮食习惯上，你会越吃越多，但是填满肚子并不能满足心灵需求。

了解梦境模式的意义和信息，可以帮助你主动辨识自己真正的需求和值得珍视的事物。你能够重视自己的需求，找对方法来满足自己，你就不需要利用控制饮食来控制自我。你的内在越满足，你就越不需要依赖别人来评判你的外表。我们可能以为放松自我的管制将会造成外表身材的失控，但其实正好相反。你越能照顾自我的真正需求，那个自然而健康的梦的身体就越容易展现出来。

梦的心灵

我们的心智也许表现得像是身体的一部分，完全处于意识状态下，但事实上在我们的内在还有一个更古老也更睿智的心灵，会在潜意识里吸收信息，进行更深刻的思考，鼓励和激发你拓展思维。这个睿智心灵就是梦的心灵，它所能做到的事情，是我们的意识心智再机敏、再聪明都办不到的。你的意识心智是以理性来运作，需要一些经过证实、确认的信息才行，但是梦的心灵却能容纳矛盾和跳跃信息的可能性。它不需要掌握完全的信息和事实，可以经由模糊的信息片段来创造认知。

在欠缺完整信息的情况下，要做出理性决策非常困难，然而要处理那种含糊模棱的状况，梦的心灵尤为擅长。由于梦的心灵的这种功能特质，当我们跨入未知领域和进行创新突破时，潜意识认知的表现就特别好。在那种时候，我们一连串的决策往往不是出于逻辑思考，而是仰赖梦的心灵以模式匹配和模拟来进行更深层的认知判断。除了爱因斯坦、波耳和凯库勒等伟大的科学家利用梦的心灵之外，还有许多人利用梦的心灵优势来完成科技的重大发明和发现，这大概是其他方法难以达到的。

尽管计算机可能是最仰赖理性和逻辑的设备，但它的两位原创者，查尔斯·巴贝奇和阿达·勒芙蕾丝也是运用潜意识心灵的梦而获得科学成果的。巴贝奇是剑桥大学的数学教授，他经常说起自己在分析学会工作时偷偷打瞌睡的往事。当他的脑袋趴在木桌上睡觉时，他的梦之心灵仍在探索一些不同的数字表。而他的梦让他利用一些对数表发明“差分机”，即后来计算机硬件的先驱。

而阿达·勒芙蕾丝则是英国的女伯爵，跟巴贝奇一起研究从“差分机”更进一步发展出来的“分析机”，这是一种可以进行程序运作的机器。当勒芙蕾丝因为生病发烧而频繁做梦，她从那些梦了解到数字可以作为符号来运用，而分析机能够像做梦的心灵一样操控那些符号。勒芙蕾丝利用这个领悟，设计出一系列分析机的运算，如今她被公认为世界上第一位计算机程序设计师和软件作者。

尽管这样的突破像是天才所为，但所谓的天才常常只是懂得以不同的方式来看待大家都熟悉的事物。梦的心灵可以拓展狭隘的观点，那些我们现在视为合理的想法，在过去曾经都只是个梦想而已。在英文的惯用语中，当我们面对、处理挑战时，会说sleep on it，意即多做考虑，而这里的“睡觉”（sleep）最有价值的部分就是我们的梦。当你觉得自己卡在某个问题上，想要试着分散自己的意识认知，就可以让你的梦之心灵运用潜意识来找寻各种答案。

梦的人际关系

你在梦里创造的人物，反映出你在日常生活中和那些重要的人之间的关系。那些梦里人物代表你个性中的某些面向，那些都是意识层面所不知道的特质，同样的，你在日常生活中也会在潜意识中对他人表现出自己不知道的特质。那些会吸引你注意的人，常常会反映出你的正面特质，但你自己并不知道你拥有那些特质。而那些你不喜欢的人，也可能反映出某些你在潜意识之下表现出来的行为，那是你的理性自我会刻意掩藏或摒弃的特质。

你可能不知道自己会反映出别人的特质，你可能会刻意隐藏自己真正的个性，想尽可能表现出坚强和美丽给别人看。这种方式看似不错，但借此增强自己对他人的影响，这并非直接勇敢地接纳这些特质，而是透过别人的赞赏来肯定自己。即便是拥有某种内在优点，也可能让你感到不安，因此你才会试着隐藏，希望自己符合某些美德的传统规范。

当你在潜意识中表现出自我特质，你会本能地注意别人的反应。你的潜意识会自动检查你所看到的他人反应，虽然你以为自己只是适当地检查你的反射，你在不知不觉中判断你所看到的，虽然你可能会认为自己是在评判他人，但实际上你是在评判自己潜意识中的某些特质。当你批评他人太过性急或喧闹，很可能是你自己想要表现出某种外向行为，但意识上却不肯坦承。当你觉得那些行为不正确，或是会让你显得脆弱时，这种对于自己行为的否定，是防卫本能的自然表现。

把自己不愿意承认的特质投射到他人身上，可能让你在人际关系的模式上，遭遇一次又一次的相同问题。这是因为尽管你在人际交往中的对象有所不同，他们仍然是一面镜子，反映出那些你或许需要承认或解决的问题行为。这种情况在真实生活中并不容易发现，但在梦里却可以清楚辨识出那些一再出现的关系模式。了解自己在梦中创造出来的人物特质，你就可以开始理解你在日常生活中真正想要吸引什么样的人。

了解梦的人际关系，不仅对你的爱情和亲密关系大有帮助，也会让你更明白，如何拓展和维护自己在专业上和社交上的人际关系。你需要的，不是在意识层面上知道自己要表现出什么样子给别人看，你需要的其实是更明白在某段关系中，自己真正是谁，又真正需要什么。人际关系除了是你亲近他人的机会之外，它带来的最珍贵礼物就是让你更加深入地探索自我。

梦的旅程

跟出生和死亡有关的梦境，通常是最有趣也是最可怕的。这些梦常常让人感到很不安，特别是我们如果只从梦境的表面来解读，会以为它们反映着实际生活中关于出生和死亡的事件。然而梦里关于生命的开始和结束，几乎总是象征着我们日常生活中某些特定过程的开始和结束。这些事情可能转瞬即逝，正如你刚刚的呼吸一般；或者也可能是长期而持续的，就像是你的人生之旅。但是，我们所参与的任何事情和活动，也必定都有开始和结束。

几乎在人类所有的文化中，都会利用出生和死亡来象征事物的开始和结束，即将转化到下一阶段。出生的梦境宣示着新开始，或者某个宝贵的想法已经变成现实。当你梦见出生时，表示你意识到自己即将展开人生旅程的新阶段。不过我们的潜意识也会捕捉身体或行为上的微妙线索，察觉日常生活中某些人怀孕或即将生产，从而把这些信息编织到梦里。

梦见出生可能感觉可喜可贺，梦见死亡则让人不安和悲痛，让你醒来之后还会感到焦虑和恐惧。然而关于死亡的梦，很少会跟现实生活中的死亡有关系。相反，它们往往代表着你在日常生活中有某种基本的转变正在发生。梦见死亡，代表日常生活中某些重要的事物很自然地宣告结束，而引发你的注意和思考。这可能意味着重大改变，例如因为你已经有所成长而选择离开旧工作，准备迎接新的挑战。

梦见死亡，也可能表示现在正是继续前进的好机会，你可能需要做些不同的事情，因为目前的状况已经是条死胡同，你别无出路了，所以你需要把自己的梦想和愿望再次带回到自己的生活里。这表示你可能需要离开自己熟悉的领域，展开新的冒险，或者因为你觉得自己陷于某个让你得不到滋养的关系之中，因此决定出走。当你转变自己的生活方向时，常常就会梦见怀孕、生产或活力十足的小孩。在这些梦里，你会觉得很高兴，因为你已经抛却旧日的生活，准备迎向新生。

你在梦里体验的新生和死亡，同时也是提醒你注意生活中重要事件从开始到结束的过程，以及旧事告终、新事开始之间的转化。对于你当前所处的境况越清楚，你越能看清来龙去脉，知道自己从何而来又将去向何处。你不会因为当前状况而悲伤，或者害怕什么事情做不到，而是对于自己这个更为开阔的人生之旅报以接纳和赞赏，让它带领你活出自己梦想的样子。

梦的生活

作为解梦的心理学家，我在自己的职业生涯中，有幸跟许多表现非常优秀的客户一起合作。如果不仔细观察的话，我们会觉得这些天之骄子似乎要什么有什么，名声、财富和成就样样不缺。其实在炫目浮华和魅惑魔力的背后，这些成功人士之中有许多却患有忧郁症，或者私底下显得意气消沉。在深入探索他们的梦境后，更会发现他们在梦里的表现，跟真实生活中的公众人物性格和角色完全不同。我一次又一次听到客户说："因为这样才能赚钱付账单啊，可是我根本就不是这个样子。"或者，"这一路走来，也不晓得是在什么地方，我好像迷失了自己。"

尽管大多数人的生活不会像名人那么公开，会显得比较传统平凡，但我们也会发生同样的事。一开始我们都抱着深切希望，希望自己成为什么样的人，期待能够跟一些很棒的人结为同伴，一同展开伟大的人生冒险。我们梦想自己会获得什么样的财富，我们的所作所为和最后的成就，将如何成为众人传颂的故事。但是，在几年之后，我们常常这么问自己：“我为什么还要做这份工作？”“我每天干这些事情到底意义何在？”还有，“为什么我会让自己这么痛苦这么不快乐？”

我们都有自己的人生故事，那是我们每天置身其中的真实生活，不过我们也都怀抱着一些理想化的期待，认为自己的生活应该是什么样子。完美生活的个人愿景，也就是要“活出梦（想）”，然而不管我们多么努力，做出多少牺牲，那个梦想的生活似乎总是遥不可及。其实，要拥有自己梦想的生活，最可靠也最直接的办法，就是先搞清楚自己的潜意识认知发生了什么情况，它自然就会于外在真实生活中表现出来。

借由潜意识创造出来的夜梦，你就可以听到自己真正的声音，知道自己是什么样的人，你想在生活中达到什么样的境界，自然就能够知道那条迈向目标最直接的路径。这个办法可以带来更深层的自我意识，让你得以把目前的真实生活和梦中的理想未来联系起来。到时你一定会感到很惊讶，因为你距离自己那些远大的梦想其实一点儿也不远，你只需要下定决心，改变自己现有的观念，自然就能把这些梦想带进真实人生。

当你真实生活中的人生故事开始跟梦中故事汇流合一，你就会发现自己开始活出自己的梦。尽管你也许想要隐藏自己的梦想，它们也会不停地找上你，直到你能够找到真正的自我，最终宣告自己的真正追求。等到你在梦中发现了真实的自我以后，你就会开始了解到，真正的快乐并不需要像杂志彩页或电视广告所描述得那么多彩多姿，而是你在生活之中，在一呼一吸之间活出自己的梦，那个只归你一人所有的独特大梦。

活出你的梦

当我们做梦的时候，人类几百万年以来的演化和个人日常生活中每分每秒的细枝微末节也汇合在一起。人类演化成会做梦的动物，因此我们也就不只是经历自己的一生而已，我们还同时拥有悠长世代精炼而出的体悟，认知到未来的种种可能性。梦会带领我们到达意识的边缘，让我们看见所有的机会，并见证我们的所有成就。它们就是我们拥有的最大礼物，邀请我们跨入神秘未知的领域，探索真正的自我，了解自己想要去向何处，又该怎么到达彼地彼境。

我们做梦是为了记得自己是谁，同时了解我们想要成为什么样的人。我们做梦是为了重新找到那些本来就拥有的才能和想法，只是我们常常忽略了。我们做梦是为了探索那些富有潜力的未来和机会。我们做梦是要汇集所有的记忆片段，让我们遗落的希望再次联结成一个有意义的故事。了解我们在梦中创造的这些故事，我们就能开始理解自己的独特性，接纳和珍惜自己的才华。

只是当个局外人评估自己的处境，当个公正的观察员，并不能实现自己的梦想。真正踏入自己的梦，你才能成为自己梦中的那个人，而要真正活出自己的梦，你必须拥有更宽广的认知。你的潜意识会不断地拉拢你跟梦中的自我，联结那个超越意识的更大自我，那是你在意识上很容易忽略的真正自己。

我们所有的人际关系、心灵感悟和艺术创造，都是为了超越肉体，和自己之外的事物相互联结。而身为人类的最大成就，就是从梦中瞥见事物将会如何开展。我们很容易忽视自己的梦境，以为那只是脑电波无关紧要而随机闪现的片段，然而理解梦境，并将之转化为现实，才是人类实践活动的本质。梦会联结我们的方方面面，当我们睡着之后，就会创造出我们可以辨认出来的各种世界。

当你读到这些话语的时候，你的潜意识也正在某处悄悄地运作着，在你大脑千亿个神经元之间四处闪烁。个别的大脑神经元的许多运作看似随机，缺乏深层目的，但是在它们相互交织、协调运作之后，就会形成一些深富意义的大脑活动。你的每一个脑细胞都本能地跟其他神经元相互联结，而在这难以计数的联结过程中，就会出现一些熟悉的主题和模式。你的梦就是你创造这些联结的故事，它们会让你看到所有的可能性。